가모프의 중력 이야기

고전적 및 현대적 관점

G. 가모프 지음
박승재 옮김

전파과학사

과학 연구 총서
The Science Study Series

『과학 연구 총서』는 학생들과 일반 대중들에게 소립자부터 전 우주에 이르기까지 과학에서 가장 활발하고 기본적인 문제들에 관한 고명한 저자들의 저술을 제공한다. 이 총서 가운데 어떤 것은 인간 세계에서 과학의 역할, 인간이 만든 기술과 문명을 논하고, 다른 것은 전기적 성격을 띠고 있어 위대한 발견자들과 그 발견에 관한 재미있는 얘기들을 논하고 있다. 모든 저자는 그들이 논하는 분야의 전문가인 동시에 전문적인 지식과 견해를 재미있게 전달할 수 있는 능력의 소유자이다. 이 총서의 일반적인 목적은 학생이나 일반인이 이해할 수 있는 범위 안에서 전체적인 내용을 살펴보는 것이다. 바라건대 이 중에 많은 책들이 독자로 하여금 자연현상에 관해 스스로 연구하도록 만들어 주었으면 한다.

이 총서는 모든 과학과 그 응용 분야의 문제들을 다루고 있지만, 원래는 고등학교의 물리 교육과정을 개편하기 위한 계획으로 시작되었다.

1956년 매사추세츠공과대학(MIT)에 물리학자, 고등학교 교사, 신문잡지 기자, 실험기구 고안가, 영화 제작가, 기타 전문가들이 모여 물리과학교육연구위원회(Physical Science Study Commitee, PSSC)를 조직했는데 현재는 매사추세츠주 워터타운에 있는 교육서비스사(Educational Services Incorporated, 현재는 Educational Development Center, EDC)의 일부로 운영되고 있다. 그들은 물리학을 배우는 데 쓸 보조 자료를 고안하고 제작하기 위해 그들의 지식과 경험을 활용했다. 처음부터 그들의 노력은 국립과학재단(The National Science Foundation, NSF)의 후원을 받았는데, 이 사업에 대한 원조는 지금도 계속되고 있다. 포드재단 교육진흥기금, 앨프리드 P. 슬로운재단도 후원해 주었다. 이 위원회는 교과서, 광범한 영화 시리즈, 실험 지침서, 특별히 고안된 실험기구, 그리고 교사용 자료집을 만들었다.

이 총서를 이끌어가는 편집위원회는 다음의 인사들로 구성돼 있다.

머리말

중력은 우주를 지배한다. 그것은 우리 은하계의 천억이 넘는 별들이 함께 모여 뭉쳐 있게 하고, 태양 주위에 지구가, 그리고 지구 주위에 달이 돌게 하며, 무르익은 사과와 고장난 비행기들을 땅으로 떨어지게 한다. 중력을 이해하게 된 역사에는 위대한 물리학자 세 사람의 이름이 빛나고 있다. 첫째로 갈릴레오 갈릴레이(Galileo Galilei, 1594~1642)는 자유낙하와 공기들의 마찰에 의한 제한운동의 과정을 제일 먼저 면밀히 연구한 과학자이다. 둘째로 아이작 뉴턴(Isaac Newton, 1642~1727)은 처음으로 만유인력으로서의 중력에 대한 생각을 가졌었다. 끝으로 알버트 아인슈타인(Albert Einstein, 1879~1955)은 중력이란 4차원 시공간의 굽음에 지나지 않는다고 말한 세 번째 위대한 과학자이다.

이 책에서 우리는 그 세 단계의 발전 과정을 모두 논하게 될 터인데, 첫 장은 갈릴레오의 선구적인 일에 대하여, 그다음 여섯 장은 뉴턴의 생각과 그 이후의 발전 내용을, 그리고 다음 한 장은 아인슈타인의 이론을, 마지막 한 장은 중력과 다른 물리적 현상 간의 관계에 대한 아인슈타인 이후의 논의에 대하여 서술하고자 한다. 여기서 '고전'에 강조점을 둔 것은 중력론은 고전적 이론이라는 사실에 기인한 것이다. 한편으로 중력과 전자장 간에, 또 한편으로는 물질의 입자들 사이에 잘은 모르지만 그 어떤 숨은 관계가 있음직한데 아직은 누구도 어떤 종류의 관계가 있는지 말할 만큼 연구가 되어 있지 않다. 또한 언제 이 방면에 대한 중요한 발전이 이루어지는지는 누구도 예측할 길이 없다.

필자는 중력에 대한 이론의 '고전적' 부분을 생각할 때 수학 사용의 한계에 대하여 어떤 결정을 내리지 않을 수가 없었다. 뉴턴이 처음으로 만유인력에 대한 생각을 가졌을 때는 수학이 그렇게 발달하지 못하여 그의 여러 천문학적 결과를 이끌어낼 수가 없었다. 그리하여 뉴턴은 그 자신의 새로운 수학체계, 즉 미적분 해석이라고 하는 것을 그의 중력론에 제기된 문제를 풀기 위하여 발전시키지 않을 수 없었다. 그렇기 때문에 이 책에 미적분의 기초 논의를 포함시키는 것은 역사적인 관점에서 뿐만 아니라 내용을 이해하기 위해서도 타당하다고 생각된다. 주로 3장에서 꽤 많은 수학을 다루었다. 이것을 열심히 공부한 사람은 틀림없이 앞으로 물리학을 계속 공부하는 데 튼튼한 기초가 되어 도움을 받으리라고 확신한다. 한편 수학이 어렵고 거북한 사람은 3장을 읽지 않고도 중점적인 내용을 이해할 수 있을 것이다. 그러나 물리학을 공부하려면 3장을 이해하는 데 최선을 다하기 바란다.

조지 가모프
콜로라도대학교

저자에 대하여

원자핵물리학의 이론을 천체물리학과 우주론 문제에 적용시키는 전문적 연구에 골몰했었던 조지 가모프(George Gamow) 박사는 1954년에 세포과학 문제에 수학적 접근 방법을 제시하여 유전학에 있어서 DNA 연구를 위한 한 모형을 세웠는데 이것은 대단히 가치 있는 일이었다. 이와 같이 한 개인에 대하여 말할 때 원자핵, 물리학, 천체 물리학, 우주론, 수학, 화학, 생물학 등을 연관시켜 언급해야 한다는 것만 봐도 가모프 박사의 다양한 과학적 배경의 생애를 잘 나타내 주지만 그것만 가지고 박사의 재능을 서술하는 것은 충분하지 않다. 미국이나 영국을 불문하고 서구의 서평가들은 입을 모아 과학을 일반인에게 해설하는 데 있어서 생존하고 있는 과학자 중 가장 탁월한 한 사람이 가모프 박사라고 말했다. 독자들은 그의 과학세계에 대한 환상적인 서술과 저서 중 가끔 발견할 수 있는 시를 즐겨 읽는다. 보통 사람들은 과학이나 문학 중 어느 한 분야에 명성을 얻는 것으로 만족할지도 모르지만 가모프 박사는 이 두 가지를 다 갖고도 만족하지 못했다. 독자들은 이 책에서 박사의 그림 솜씨를 볼 수 있을 것이다. 이것은 화가인 산드로 보티첼리(Sandro Botticelli)의 일요만화와 걸작품들로부터 영향을 받아서 서민적으로 그린 것이다(만일 여러분들이 이 책 〈그림 23〉에서 가모프 박사가 그린 고 아인슈타인의 초상화를 보았을 때 곧 보티첼리의 영향이 있음을 알아내지 못할 경우에는 전문적인 화가에 물어보면 확신을 얻을 것이다). 이 여러 창의적인 분야에 있어서 가모프 박사는 거의 골고루 풍부한 재능을 가지고 있다.

가모프 박사는 1904년 3월 4일에 러시아의 오데사(Odessa)에서 태어났다. 일찍이 그는 과학에 취미가 있어서 고생물학을 1년간 공부하였다. 그가 후에 말한 바와 같이 이 경험이 그로 하여금 '작은 발톱의 생김새(형태)로 공룡과 고양이를 구분하여 말할 수 있게'하였던 것이다. 그는 레닌그라드대학교(현 상트페테르부르크 국립대학)에 들어가 1928년에 박사학위를 받고 1년간은 장학금을 받아 독일의 괴팅겐대학교에서 연구하였다. 1928~1929년에는 코펜하겐에서 보어(Niels Bohr)와 함께 연구하였고 1929~1930년에는 다시 영국의 케임브리지에 있는 캐번디시연구소의 러더퍼드(Ernest Rutherford)와 함께 연구를 하였다.

가모프 박사는 24살 되던 해에 처음으로 물리학 이론에 중요한 공헌을 하였다. 그는 또 미국의 물리학자 콘돈(E. U Condon), 영구의 물리학자 거니(R. W. Gurney)와 거의 동시에 그러나 독립적으로 당시의 새로운 파동역학의 방법을 적용하여 방사성 원소로부터의 알파입자 방출을 설명하였다. 2년 후인 1930년에 그는 양성자가 알파입자보다 일반적으로 원자의 파괴로 알려진 실험에 더 유용하다는 예언을 성공적으로 한 바 있으며, 같은 해에 무거운 원소의 핵에 대하여 액적소형을 제시하였다. 1929년에 그는 앳킨슨(R. Atkinson) 및 후터만스(F. Houtermans)와 더불어 태양의 열과 광선이 열핵반응의 과정에서 나타난다는 이론을 형성하는 데 공동 연구를 했으며, 중성자 포획에 의한 화학 원소의 기원에 관한 그의 이론은 1940년대에 우주론 분야를 휩쓸었다. DNA 이론에 대한 그의 공헌은

DNA 분자의 네 뉴클레오티드들이 코드를 형성하는 데 이들의 서로 다른 결합이 여러 아미노산 분자 조직의 주행과 같이 행동한다는 것을 제안한 것이었다.

한편 가모프 박사의 인간적인 특징도 그의 과학적인 창의적 활동과 더불어 굉장하다고 하겠다. 190㎝가 넘는 훤칠한 키에 몸무게는 120㎏에 가까운 거인으로 그의 저서 『Mr. Tompkins』를 읽어 본 독자는 잘 알 수 있는 바와 같이 그는 장난기 있는 그러나 멋진 유머를 지닌 사람이다. 가모프 박사와 그의 제자인 앨퍼(R. Alpher)가 1948년 「화학 원소의 기원」이라는 그들의 논문에 제명을 할 때 그는 한 가지 빠진 것이 있다면서 부재중인 베테(H. Berth)의 공을 생각하여 “Alpher, Bethe and Gamow” 라고 사인을 하였다.

가모프 박사는 6개 국어에 통달했는데 그가 일반 강연을 할 때에 흔히 강하게 억양을 주어 말을 하는 버릇이 있어서 한 친구는 그의 얘기를 들은 후에 말하기를 “6개 국어는 모두 ‘가모비언(Gamovian)’이라고 하는 한 언어의 서로 다른 방언이다.” 라고 풍자하였다.

이 일화는 그가 아무리 언어학자와 같이 외국어에 능통하다는 것을 강조하여도 그의 깊이 있는 강연은 그가 전반적인 과학지식과 자기 전문 분야에 탁월하다는 것을 밑바탕으로 하여 비로소 가능한 얘기이다.

그는 코펜하겐과 영국에서 각각 보어, 러더퍼드와 함께 연구를 한 후에 레닌그라드과학아카데미의 연구소장으로 일하기 위해 러시아로 돌아갔으나 1933년에 영원히 그의 모국을 떠났다. 그는 한때 파리와 런던에서 강의를 하였으나 그 후 미국으로 건너가 미시간대학교에서 여름학기 강좌를 맡았었다. 그리고는 워싱턴주에 있는 조지워싱턴대학교의 교수가 되어 1934년부터 1956년까지 물리학을 연구하며 가르쳤다. 그는 1940년 미국 시민이 되었으며 2차 세계대전 중과 후에는 육해공군의 원자력위원회의 자문위원으로 활동하였고 1956년부터는 볼더주에 있는 콜로라도대학교의 교수로 재직하였다.

가모프 박사는 많은 전문적 논문과 『원자학(Atomic Nucleus)』이라는 전문서적을 1931년에 옥스퍼드 대학교 출판사에서 발간하였는데 1937년과 1943년에 개정한 바 있다. 일반인을 위한 그의 많은 글과 저서는 〈Scientific American〉이라는 잡지와 다음에 열거하는 책자에 담겨 있다.

Mr. Tompkins in Wonderland, Cambrige University Press,1939
Mr. Tompkins Explores the Atom. Cambrige University Press, 1943
Mr. Tompkins Learns the facts of Life, Cambrige University Press, 1953
Atomic Energy in cosmic and Humand Life, Cambrige University press, 1945
The birth and Death of the Sun, Viking press, 1941
Biography of the Earth, Viking press, 1943
One, Two, Three…Infinity, Viking press, 1947
Creation of Univers, Viking press, 1952
Puzzle-Math(with M. stern), Viking press,1958
The Moon, H Schuman, 1953
Matter, Earth and Sky, Prentice-Hall, 1958
Physics: Foundation and Frontiers(with J. Cleveland), Prentice-Hall, 1960
Atom and Its Nucleus, Prentice-Hall, 1961
Biography of Physics, Harper and Brothers, 1961

그가 『Mr. Tompkins』의 두 번째 권을 저술할 때는 삽화까지 그려야만 했는데 그 이유는 2차 세계대전 중이라 그와 더불어 첫 번째 권 책자의 삽화를 그리던 영국 화가와 통신이 끊겼기 때문이었다. 1956년에 그는 일반인이 과학을 이해하는 데 도움이 되는 많은 책을 저술한 공으로 유네스코로부터 '칼링가상(Kalinga Prize)'을 받았다.

가모프 박사는 러시아과학아카데미의 회원이었는데 그의 말대로 그는 '러시아를 떠남으로써 회원 자격을 박탈당하였다.' 그는 또 네덜란드과학아카데미의 회원이며 또한 미국국립과학아카데미의 회원으로 일하였다.

〔역자 주〕

가모프 박사는 1968년 8월19일 볼더에서 별세했다.

차례

나의 모든 책을 읽는
퀴그 뉴턴에게

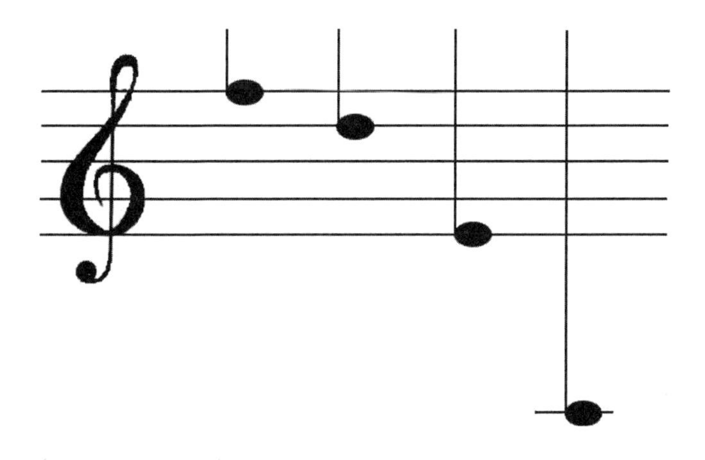

1장
물건이 어떻게 떨어지는가?

'위'와 '아래'의 일반 개념이 언제부터 싹텄는지는 잘 알 수 없지만 아마도 먼 옛날까지 거슬러 올라가야 할 것이다. '위로 오른 것은 모두 밑으로 떨어져야 한다'라는 말은 아마도 네안데르탈인들로부터 비롯된 것이 아닌가 생각된다.* 이 세상이 판판하다고 믿었던 옛날에는, '위'는 신들이 사는 천국의 방향이고 '아래'는 지옥의 방향으로, 신성하신 못한 것은 무엇이나 아래로 떨어지는 성질이 있어 높은 천국에서부터 잘못하여 떨어진 천사는 깊은 구렁텅이인 지옥에 꼭 갇힐 것이라고 생각하였다. 비록 에라토스테네스(Eratosthenes)와 아리스타르코스(Aristarchus) 같은 그리스의 위대한 천문학자들이 지구는 둥글다는 것을 상당한 근거를 대고 주장하였지만 공간의 절대적 위와 아래의 방향 개념은 중세까지 지속되었고 지구가 둥글다는 것은 참으로 괴상망측한 생각으로 여겨져 왔다. 만일 지구가 둥글면 지구의 반대편에 사는 사람들은 허허공공한 공간으로 떨어질 것이 아닌가, 더구나 바다의 모든 물은 지구로부터 흘러나갈 것이 아닌가, 하고 지구가 둥글다는 말을 반박하였다.

마젤란의 세계일주로 인하여 지구가 둥글다는 것이 확실해짐에 따라 절대 방향의 의미를 지녔던 위와 아래의 일반 개념은

---

* 역자 주 : 네안데르탈인(Neanderthal Man)은 독일 남서부 뒤셀도르프 부근의 골짜기 네안데르탈이라는 곳에서 발굴된 구석기 시대의 유골 원시인을 말한다.

수정되지 않을 수 없게 되었다. 지구는 우주의 중심에 정지해 있다고 생각한 반면 하늘의 모든 물체는 유리와 같은 공에 붙어 지구 주위를 원형으로 돈다고 믿었다. 우주에 대한 이러한 생각은 그리스의 천문학자 프톨레마이오스와 철학자 아리스토텔레스에서부터 비롯되었다. 모든 물체의 자연운동은 지구의 중심을 향하고, 신성을 지닌 〈불〉만이 이와는 달리 타는 나무로부터 하늘 위로 오른다는 것이었다. 그 후 수세기 동안 아리스토텔레스의 철학과 스콜라주의가 인간의 사고를 지배하였다. 그간에 이러한 과학적 질문들은 대화에 의한 논의, 즉 말만으로 대답되었을 뿐, 그러한 진술을 직접적인 실험에 의하여 검토하려 들지 않았다. 예를 들면 그 당시에 무거운 물체는 가벼운 것보다 빨리 떨어진다고 믿었는데, 우리가 아는 한 이 낙체운동에 대한 정식 연구를 시도했다는 기록은 없다. 철학자들의 핑계는 자유낙하현상은 너무 빨라서 우리의 눈으로 연구할 수 없다는 것이었다.

물건이 어떻게 떨어지는가에 대한 질문에 처음으로 참다운 과학적 연구를 시도한 사람은 이탈리아의 유명한 과학자 갈릴레오 갈릴레이(Galileo Galilei, 1564~1642)였는데, 그가 활동하던 바로 그때가 과학과 예술이 중세의 깊은 잠으로부터 깨어나기 시작할 무렵이었다. 전해 오는 이야기로는 대단히 화려하지만 실제로는 그렇지 않을 가능성도 많은데, 다음과 같은 일화가 있다. 어린 갈릴레오가 피사에 있는 성당의 미사에 참례했을 때 어떤 사람이 천장에서 늘어뜨린 긴 줄 끝에 달린 등불에 불을 켜기 위해 줄 끝을 한쪽으로 잡아당겼다 놓자 등불이 앞뒤로 흔들거렸다. 그 등불을 골똘히 바라보던 순간 갈릴레오의

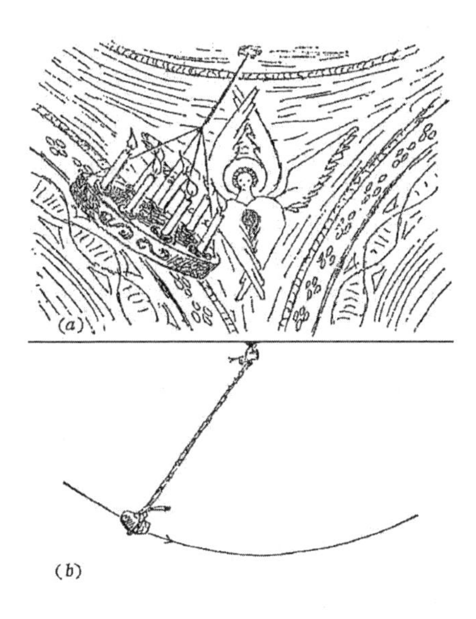

〈그림 1〉 만일 달아맨 줄의 길이가 같다면 등불(a)과 돌멩이(b)는 같은 주기로 흔들릴 것이다

머릿속에서 모든 것이 시작되었다는 것이다(그림 1). 갈릴레오는 계속해서 흔들리는 진동의 폭은 점점 줄어들지만 한 번 흔들리는 데 걸리는 시간(진동 주기)은 언제나 같음을 매우 주의 깊게 관찰하였다. 집에 돌아와서 그는 천장에 줄을 늘어뜨려 돌을 매달고 자기의 맥박을 셈으로써 진동 주기를 측정하여 이 우연한 관찰을 다시 검토해 보기로 결심하였다. 실제로 그 일을 하다 보니 정말 자신의 관찰이 옳았다. 흔들리는 폭은 점점 줄어도 주기는 거의 일정하였다. 더 자세히 알고 싶은 마음이 생겨 갈릴레오는 무게가 다른 돌로도 시험해 보고, 끈의 길이가 다른 것으로도 계속해서 실험을 하였다. 이러한 탐구 활동이 결국은 그로 하여금 위대한 발견을 하게끔 하였다. 진동 주기는

끈의 길이에 관계가 있지만(긴 끈일수록 한 번 진동하는 데 오래 걸림) 달아맨 돌의 무게와는 무관하였다. 이 실험 관찰은 그 당시의 통념, 즉 무거운 것이 가벼운 것보다 빨리 떨어진다는 독단설과 전혀 상반된 것이었다. 실제로 단진자의 운동은 한 물건의 자유낙하에 지나지 않으며, 다만 이 물체가 수직 방향으로 매달은 끈으로 인하여 기울어져 원의 호를 따라 운동을 하는 것뿐이다.

만일 가벼운 물건과 무거운 것을 각각 같은 길이의 끈에 매고 같은 각도만큼 기울여 놓았을 때 중심까지 내려오는 데 걸리는 시간이 같다면 두 물건을 같은 높이에서 동시에 떨어뜨렸을 때도 땅에 떨어지는 데 같은 시간이 걸릴 것이다. 이 사실을 아리스토텔레스학회 사람들에게 밝히기 위하여 갈릴레오는(직접 하였는지, 그의 제자가 대신하였는지는 잘 몰라도) 피사의 기울어진 탑(또는 다른 탑일지도 모름)에 올라 무거운 물건과 가벼운 것을 떨어뜨렸는데, 그것들은 똑같은 시간에 땅에 떨어졌다. 이것은 갈릴레오를 반대하던 사람들에게 큰 충격을 주었다(그림 2).

이 일에 대한 뚜렷한 정식 기록은 없는 것 같지만 문제의 초점은 갈릴레오가 자유낙하 하는 물건들의 속도는 질량에 무관하다는 것을 발견하였다는 사실이다. 이러한 발견은 후에 여러 가지의 정밀한 실험에 의하여 다시 검토되었고 갈릴레오가 죽은지 272년 후 아인슈타인에 의하여 이 책의 뒷부분에서 논할 중력의 상대론적 이론의 기초가 되었다.

피사에 가지 않더라도 이 갈릴레오의 실험을 되풀이해 보기는 쉽다. 동전 한 개와 종이 한 장을 같은 높이에서 동시에 떨어뜨려 보자. 동전이 빨리 떨어지고 종이는 공기 중에서 펄럭

〈그림 2〉 피사의 사탑에서 갈릴레오의 실험

이며 더 오랜 시간이 걸려 떨어질 것이다. 그러나 종이를 꼭꼭 뭉쳐서 작은 공같이 만든 다음 떨어뜨리면 동전과 거의 같은 속도로 떨어질 것이다. 만일 공기를 뺀 긴 유리관이 있다면, 그 속에서는 동전이나 꾸기지 않은 종이 또는 깃털과 같은 것 모두가 똑같이 떨어짐을 볼 수 있을 것이다.

낙체에 대하여 갈릴레오가 그다음 단계로 연구한 것은 물건이 떨어질 때 걸리는 시간과 거리 간의 수학적 관계를 찾는 것이었다. 그러나 자유낙하는 우리의 눈(육안)으로 관찰하기에는 너무나 빠르기 때문에, 그리고 갈릴레오도 고속촬영기와 같은 현대 기구를 갖지 못하였기 때문에, 그는 여러 물건들을 수직

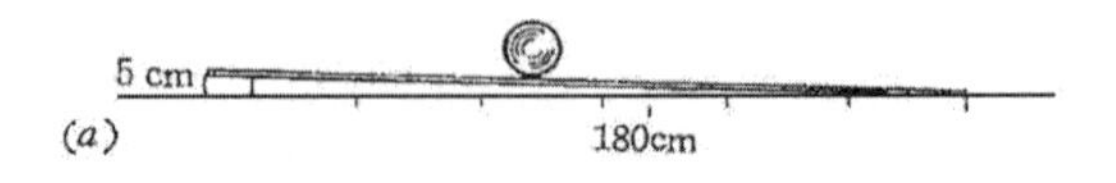

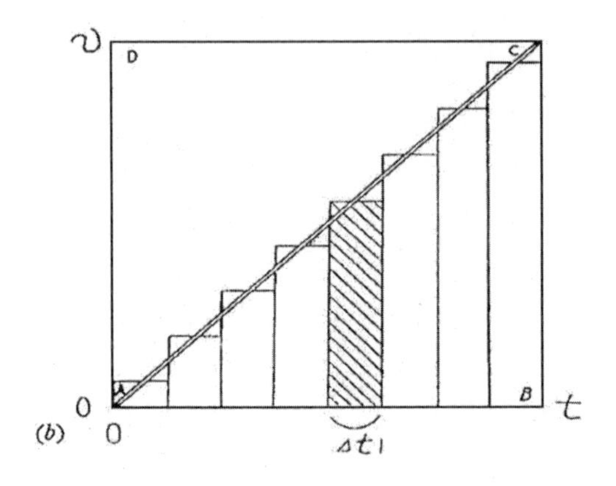

〈그림 3〉 (a) 비탈에서 구르는 원기둥, (b) 갈릴레오의 적분 방법

으로 직접 낙하시키는 것보다 비탈을 따라 굴러 내리도록 함으로써 중력을 〈강하게〉 하려고 하였다. 그는 정확하게 자기의 주장을 내세웠는데 비탈은 얹어 놓은 물건의 일부를 지탱하기 때문에 구르는 물건의 운동은 기울기에 따라 시간 관계가 달라질 뿐 자유낙하와 같아야 된다고 하였다. 시간을 측정하기 위하여 그는 닫았다 열었다 할 수 있는 꼭지 달린 물시계를 사용하였다. 그는 서로 다른 시간 간격 동안에 흘러나간 물의 양을 측정함으로써 시간 간격을 측정할 수 있었다. 갈릴레오는 같은 시간 간격 동안에 비탈을 구르는 물체의 위치를 차례로 표시하였다.

여러분도 누구나 어렵지 않게 갈릴레오의 실험을 되풀이하여 그가 얻은 결과를 검토할 수 있다고 필자는 생각한다.*

길이 180㎝의 반듯한 널판을 가져다가 한쪽을 마루로부터 5 ㎝ 정도 높게 책을 두세네 권 괸다(〈그림 3〉의 a). 널판의 기울기는 $\frac{5}{180}=\frac{1}{36}$일 것인데 이것은 또한 물체에 작용하는 중력이 감소되는 율이라고 하겠다. 그리고 이제 원기둥꼴의 한 금속덩이(공 같은 구형인 물체보다 천천히 구른다)를 널판 끝에 올려놓고 살짝 놓아줌으로써 굴러가게 한다. 그리고 뚝딱거리는 시계 소리나 혹은 음악실에서 흔히 쓰는 메트로놈(박자기)을 틀어 놓고 1초, 2초, 3초, 4초…마다 굴러가는 원기둥의 위치를 표시한다(이 위치를 좀 더 정확히 알기 위해서는 실험을 여러 번 되풀이한다). 이렇게 해서 구해 보면 널판 끝으로부터 연속적인 매초 간격에 찍은 점까지의 거리가 1.35, 5.44, 12.24, 21.60, 33.02㎝가 될 것이다. 갈릴레오가 알아차렸듯이 우리도 알 수 있는 것은 2초, 3초, 4초, 5초 때의 거리는 첫 번째 1초 동안 간 거리의 4, 9, 16, 25배일 것이다. 이 실험은 자유낙하의 속도는 점점 증가하는 것을 밝혀주는데 낙하하는 물체의 거리는 시간의 제곱에 비례해서 증가한다(공식적 $4=2^2$, $9=3^3$, $16=4^4$, $25=5^5$). 이 실험은 나무로 된 원기둥 토막으로 되풀이 하여 보거나 또한 더 가벼운 것으로 해 보아도 속력이 빨라짐과 매초 간격마다 굴러 내려가는 거리의 증가가 언제나 같은 관계임을 알 수 있을 것이다.

---

* 실험 전문가가 아닌 저자로서는 갈릴레오의 실험을 얼마나 쉽게 할 수 있는지 직접적인 경험을 바탕으로 말할 수는 없다. 그러나 저자가 여러 사람에게 들어본 바로는 그렇게 쉽지는 않다고 하니 독자들은 자기의 실험 기술을 한 번 시험해 보기 위하여 이 실험을 직접 해 보기 바란다.

그런데 갈릴레오가 당면한 문제는 시간에 따라 속도가 어떻게 변하는가에 대한 법칙을 발견하는 것이었으며 이 법칙이 위에서 말한 시간과 거리와의 관계도 이끌어 낼 수 있는 것이어야 했다. 그의 저서 『과학에 관한 대화(Dialogue Concerning Two New Sciences)』에서 갈릴레오가 서술하기를 만일 운동의 속도가 시간에 정비례한다면 운동한 거리는 시간의 제곱에 비례하여 증가할 것이라고 하였다. 〈그림 3〉의 ⒝는 갈릴레오의 논의를 약간 현대화한 형태로 보여 준다. 시간 t에 대한 속도 v의 관계를 그린 그래프를 보자. v가 t에 정비례하면 점(0;0)으로부터 (t;v)에 이르는 직선을 얻을 것이다. 이제 0으로부터 t까지의 시간 간격을 여러 개의 매우 짧은 시간 간격으로 나누고 그래프에서 볼 수 있는 것과 같이 수직선을 그어 좁지만 뾰족한 사각형을 많이 긋는다. 이제 우리는 연속적 운동에 대응하는 미끈한 기울기를 짧은 시간 동안은 일정한 속력으로 운동하다 갑자기 조금 빠른 속력으로 움직이는 형태의 운동을 표시하는 계층 형태로 바꿀 수가 있다. 만일 시간 간격을 보다 더욱 짧게 하여 그 간격수가 많으면 많아질수록 미끈한 기울기의 직선과 계층 형태의 곡선과는 그 차이가 점점 줄어들 것인데, 극단으로 무한히 많은 수의 시간 간격으로 나누면 그 차이가 없어질 것이다.

짧은 시간 간격 동안엔 각각 일정한 속도로 운동을 한다고 하였기 때문에 그동안에 움직인 거리는 그 시간 간격에다 그때의 속력을 곱한 것이 된다. 그런데 속도는 그래프의 좁은 직사각형의 높이에 해당하고 시간은 밑변(저변)에 대응되므로 속도와 시간을 곱한 것은 직사각형의 넓이와 같다.

똑같은 논의를 되풀이하면 시간 간격 (0,t) 사이에 운동한 거리는 계층 형태의 면적 또는 극한의 경우 △ABC의 넓이라는 결론을 얻게 된다. 그러나 이 면적은 사각형 ABCD, 또는 그 밑변 t와 높이 v를 곱한 값의 반이 된다. 그래서 우리는 t시간 동안에 운동한 거리를 다음과 같이 쓸 수 있다.

$$S=\frac{1}{2}vt$$

여기서 v는 t시간에 있어서의 속도이다. 그런데 앞서 가정한 관계, 즉 v가 t에 비례한다면

$$v=at$$

여기에서 a는 가속도 또는 속도의 변화율이라고 알려진 상수이다. 두 수식으로부터 다음과 같은 관계를 얻는다.

$$S=\frac{1}{2}at^2$$

이것은 운동한 거리가 시간의 제곱에 따라 증가함을 밝혀 준다.

한 주어진 기하학적 도형을 많은 수의 작은 부분으로 나누고 이 수가 무한히 많아지면 어떻게 되는가 하는 것을 고찰하는 방법은 이미 그리스의 수학자 아르키메데스(Archimedes)에 의해 기원전 3세기에 쓰였는데, 그는 이런 방법으로 원추와 다른 기하학적 도형의 부피를 구하였다. 그러나 갈릴레오는 그 방법을 처음으로 역학현상에 적용한 사람으로, 후에 뉴턴에 의해 발전된 수학의 가장 중요한 한 분야의 기초를 쌓게 했다.

초기 역학에 대한 또 하나의 중요한 갈릴레오의 공헌은 운동의 중첩 원리를 발견한 일이다. 우리가 돌을 수평 방향으로 던졌을 때, 만일 중력이 없다면 그 돌은 마치 당구대의 공과 같

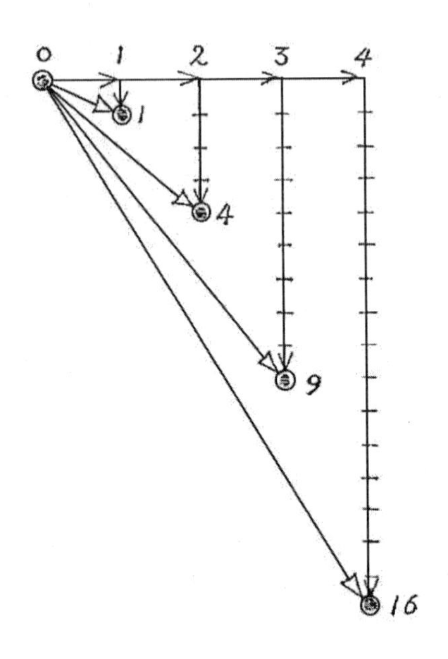

〈그림 4〉 일정한 속도의 수평 방향 운동과 수직 방향으로 일양하게 가속되는 운동의 합성

이 수평 방향으로 똑바로 운동할 것이다. 한편 돌을 떨어뜨리면 그것은 이미 앞서 서술한 바와 같이 속도가 증가하면서 수직 방향으로 운동할 것이다. 그러나 실제로 수평 방향으로 돌을 던지면 두 운동의 중첩의 결과를 얻는데, 수평 방향으로는 일정한 속도, 그리고 동시에 수직 방향으로는 가속되는 중첩운동을 한다. 이러한 경우를 〈그림 4〉에 그려 놓았는데, 숫자를 매긴 수평 및 수직 방향의 화살은 두 종류의 운동으로 그 동안에 움직인 거리를 표시한다. 결과적으로 돌의 위치도 하나의 화살로 표시될 수 있는데(그림에서 화살 끝이 흰 것) 이것은 점점

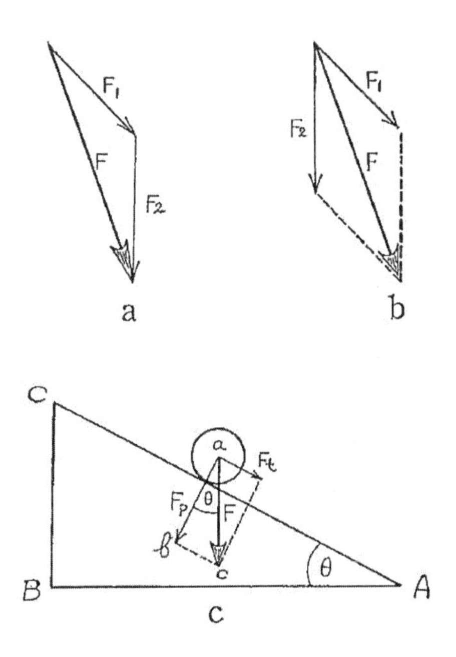

〈그림 5〉 (a)와 (b) 벡터를 합하는 두 가지 방법, (c) 비탈 위에 놓인 원기둥에 작용하는 힘

길어지며 또 점점 출발점 방향으로 향한다.

이와 같은 화살 표시, 즉 운동하는 물건의 원점에 대한 위치를 계속 표시하는 화살 표시들을 변위 벡터(Displacement Vector)라 부르는데 이것은 그 화살의 길이와 공간에 있어서의 방향을 지시하는 것으로 특징지어진다. 한 물체가 여러 번 변위를 하면 각각의 경우에 대응하는 변위 벡터로 표시되는데 최후의 위치는 하나의 변위 벡터로 표시될 수 있다. 이것을 원래의 변위 벡터의 합이라고 부른다. 이것은 단지 앞 화살의 끝으로부터 시작하여 계속 연결하여(그림 5) 마지막 화살 끝에 첫 화살의 시작점으로부터 직선을 그으면 된다. 간단한 예를 들면 비행기가 뉴욕에서 시카고로, 그리고 시카고에서 덴버로, 그리고 또 덴버에서 댈러스로 비행해서 올 수 있는 것을 뉴욕에서 직접 댈러스로 비행할 수도 있다는 것과 같고, 두 벡터를 합하는 다른 방법은 〈그림 5〉의 (b)에서와 같이 평행사변형을 완성하고 대각선을 긋는 것이다. 두 그림을 비교해 보면 둘이 똑같은 결과에 이르게 됨을 쉽사리 납득할 수 있을 것이다.

변위 벡터와 그 합의 개념은 어떤 일정한 방향을 가진 다른 역학량에도 확장될 수 있다. 항공모함이 꽤 빠른 속도로 북북서로 항해하는데 한 승무원이 갑판 위에서 우현으로부터 좌현으로 뛰는 경우를 생각해 보자. 두 운동은 모두 방향을 가리키고 크기를 갖는 화살로 표시될 수 있다(물론 같은 단위로 표시되어야 한다). 바닷물에 대한 승무원의 속도는 무엇인가? 이에 답하기 위하여 우리가 해야 할 일은 두 속도 벡터를 앞서 말한 규칙에 의하여 두 변으로 한 평형사변형의 대각선을 그려서 얻는 것이다.

힘도 작용하는 방향과 크기를 표시하는 벡터로 취급할 수 있으며 같은 규칙에 의하여 합할 수 있다. 예컨대 비탈에 놓여 있는 물체에 작용하는 중력의 벡터를 생각하자(〈그림 5〉의 c). 이 벡터는 물론 수직 방향을 향하고 있지만 벡터를 합하는 방법을 역으로 하여 그 한 벡터를 어떤 주어진 방향으로 두(또는 그 이상의) 벡터로 나누어 표시할 수 있다. 위의 예에서 우리는 그림에 표시한 것과 같이 비탈 방향의 성분과 그와 직각 방향의 성분으로 나누고 싶다. 잘 보면 직각삼각형 ABC(비탈의 기하에서)와 abc(벡터 F, F_p, F_t로 형성되는 것)가 A와 a점에서의 각이 같으므로 닮은꼴이다. 유클리드 기하학으로부터 다음 관계식이 성립한다.

$$\frac{F_t}{F} = \frac{BC}{AC}$$

이 식이 비탈에 대한 갈릴레오의 실험에 대하여 서술한 것을 합리화시켜 준다.

비탈 시험에 의하여 얻은 데이터를 사용하면 자유낙하의 가속도가 981㎝/초^2 또는 32.2ft/초^{2}이다. 이 값은 지표의 위도에 따라 조금씩 다르고 또한 해발의 높이에 따라 다르다.

2장 사과와 달

아이작 뉴턴(Isaac Newton, 1642~1727)이 사과가 나무에서 떨어지는 것(그림 6)을 보고 만유인력의 법칙을 발견했다는 이야기는 마치 갈릴레오가 피사의 성당에서 흔들리는 등불을 보았다는 것과 기울어진 탑에서 물건들을 떨어뜨렸다는 이야기처럼 있음직한 이야기 같기도 하고 또 한편으로는 그렇지 않은 것 같기도 하다. 그러나 어쨌든 이 이야기는 다른 전설과 역사 속에 나타나는 사과의 역할을 한층 더 과장시켜 주고 있다. 뉴턴의 사과는 바로 천국에서 쫓겨나게 한 〈이브의 사과〉*나 또는 트로이의 전쟁을 일으키게 한 〈파리스의 사과〉**, 그리고 세계에서 가장 안전하고 평화를 사랑하는 나라를 이룩하는 모습을 묘사하는 이야기 속에 나타나는 〈빌헬름 텔의 사과〉와 같다. 23살 된 뉴턴이 중력의 성질을 연구할 때 떨어지는 사과를 관찰할 기회가 충분하였음은 의심할 여지가 없다. 1665년 런던을 휩쓸고 케임브리지대학교를 임시 휴교하게 한 큰 유행병을 피하여 뉴턴은 링컨셔(Lincolnshire) 농장에 머무르고 있었다. 뉴턴은 그의 저서에 쓰기를 "그 해에 나는 달의 궤도에까지 확장되는 중력을 생각하기 시작하였다. 그리고 달을 그 궤도에 유지시키는 힘과 지면상의 중력을 비교 하였다."라고 하

---

* 역자 주 : 그리스 신화에 나오는 트로이의 백 년 전쟁의 동기가 된 이야기. 세 미희(美姬) 중에서 가장 아름다운 여신 헬레네에게 트로이의 왕자 파리스가 사과를 주게 됨으로써 그녀를 둘러싸고 쟁탈전이 시작되었다.

** 역자 주 : 18세기 말 독일의 극작가 쉴러 작품의 제목과 그 내용을 가리킨다.

〈그림 6〉 링컨셔 농장에서의 아이작 뉴턴

였다.

이 문제에 대한 그의 논의는 후에 그의 저서인 『자연철학의 수학적 원리(Mathematical Principles of Natural Philosophy)』에서 대략 다음과 같이 서술하고 있다. 산꼭대기에 서서 수평방향으로 총을 쏘면, 그 총알의 운동은 두 성분을 갖게 된다. 즉 ㈀ 본래 총구에서의 속도를 지닌 수평운동, 그리고 ㈁ 중력작용에 의하여 가속된 자유낙하운동이다. 이 두 운동의 중첩의 결과로 총알은 포물선을 그리며 운동하다가 땅에 떨어진다. 만일 지구가 판판하면 총알은 떨어지는 곳이 아무리 멀다 하여도 결국 언젠가는 지구에 떨어져 꽂힌다. 그러나 지구는 둥글기 때문에 그 표면은 계속 총알의 궤도 밑으로 굽어져 있으며, 어떤 극단적인 속도에서는 총알의 궤도 밑으로 굽어져 있으며, 어떤 극단적인 속도에서는 총알의 휘어지는 궤도가 지구의 굽은 표면 위를 계속 따라오게 될 수 있다. 그리하여 만일 공기의 저항이 없으면 총알은 결코 땅에 떨어지지 않고 일정한 높이에서 계속 지구 주위를 돌게 될 것이다. 이것이 인공위성에 대한 첫 이론으로 뉴턴은 오늘날 우리가 로켓과 위성에 관한 일반적인 글에서 볼 수 있는 것과 아주 흡사한 것을 그려 놓았다. 물론 위성은 산 위에서 발사되지 않고, 우선 지구의 대기권 밖으로 거의 수직으로 쏴 올린 다음 원운동을 하도록 적합한 수평 속도를 주는 것이다. 지구를 계속 그리워하면서 끝없이 떨어지는 달의 운동을 고려하여 뉴턴은 달에 작용하는 중력을 계산할 수가 있었다. 이 계산을 약간 현대화하면 다음과 같다.

지구 주위를 원 궤도에 따라 운동하는 달을 생각하자(그림 7). 그 달의 어느 순간에 있어서의 위치를 M이라 하고 그 궤도 반경에 직각인 속도를 v라 하자. 만일 달이 지구에 끌리지 않는다면 똑바로 직선운동을 할 것이므로, 짧은 시간 간격 Δt 후에는 M′ 점에 가 있을 것인데 그렇다면 $\overline{MM'} = v \cdot \Delta t$일 것이다. 그러나 달 운동의 다른 성분이 있다. 즉, 지구로 향하는 자유낙하운동이다. 그리하여 그 궤도는 굽게 되고 M′가 아니라 원 궤도상의 일점인 M″에 도달하게 되는데 $\overline{M'M''}$는 그 시간 간격 Δt 동안에 지구 쪽으로 낙하한 거리이다. 다음은 직각삼각형 EMM′를 고찰해 보자. 여기서 〈피타고라스의 정리〉를 적용하면,

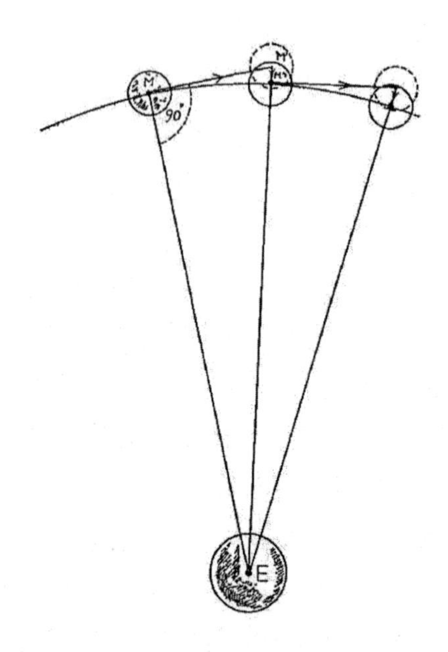

〈그림 7〉 달의 가속도 계산

$$(\overline{EM''}+\overline{M''M'})^2=\overline{EM}^2+\overline{MM'}^2$$

또는 괄호를 풀면,

$$\overline{EM''}^2+2\overline{EM''}\cdot\overline{M''M'}+\overline{M''M'}^2=\overline{EM}^2+\overline{MM'}^2$$

그런데 $\overline{EM''}=\overline{EM}$ 이므로, 식의 양변에 있는 것을 상쇄하고 $2\overline{EM}$으로 양변을 나누면

$$\overline{M''M'}+\frac{\overline{M''M'}^2}{2\overline{EM}}=\frac{\overline{MM'}^2}{2\overline{EM}}$$

이로써 중요한 논의를 하게 되었다. 만일 보다 더 짧은 시간 간격을 생각한다면 $\overline{M''M'}$는 그에 대응할 만큼 더 작아지므로

식의 왼편의 두 항은 0(영)에 가까워진다. 그런데 둘째 항은 $\overline{M''M'}$의 제곱이므로 첫째 항보다 더 빨리 0에 접근한다. 실제로 $\overline{M''M'}$의 값이

$$\frac{1}{10};\ \frac{1}{100};\ \frac{1}{1000};\ \cdots\cdots$$

이면 그 제곱은 다음과 같다.

$$\frac{1}{100};\ \frac{1}{10000};\ \frac{1}{1000000};\ \cdots\cdots$$

그러므로 충분히 짧은 시간 간격에는 둘째 항을 무시할 수 있다. 그리하여 식은

$$\overline{M''M'}=\frac{\overline{MM'}^2}{2\overline{EM}}$$

와 같이 쓸 수 있다. 이것은 오로지 $\overline{M''M'}$가 무한히 작은 값일 때 한해서 옳은 식이다

우리는 $\overline{MM'}=v\cdot\Delta t$, $\overline{EM}=R$이므로 위 식을 다음과 같이 쓸 수 있다.

$$\overline{M''M'}=\frac{1}{2}\left(\frac{v^2}{R}\right)\Delta t^2$$

앞서 낙하 법칙에 대한 갈릴레오의 연구를 언급할 때, Δt시간 동안에 운동한 거리는 $\frac{1}{2}a\cdot\Delta t^2$임을 알았다. 이것과 위에서 이끌어낸 식을 비교하면 $\frac{v^2}{R}$은 달이 지구를 그리워하면서 지구를 향하여 계속 떨어지는 가속도 a임을 알 수 있다.

그리하여 우리는 가속도를 다음과 같이 쓸 수 있다.

$$a = \frac{v^2}{R} = \left(\frac{v}{R}\right)^2 \cdot R = \omega^2 R$$

여기에

$$\omega = \frac{v}{R}$$

는 원운동을 하는 달의 각속도이다. 회전운동의 각속도 w(그리스 문자로 오메가라 읽는다)는 회전 주기 T와 아주 단순한 관계가 있음을 알 수 있다.

$$\omega = \frac{2\pi v}{2\pi R} = 2\pi \frac{v}{S}$$

여기서 $S=2\pi R$은 궤도의 전체 길이이다. 회전 주기 T는 $\frac{S}{v}$ 이므로 각속도 ω의 관계식은 다음과 같다.

$$\omega = \frac{2\pi}{T}$$

달은 지구 주위를 한 바퀴 완전히 도는데 27.3일 또는 2.35×10^6초 걸린다. 이 값을 T에 넣으면, 다음 값을 얻는다.

$$\omega = 2.67 \times 10^{-6} \frac{1}{\quad}$$

이 값과, R=384,400㎞=3.844×10^{10}㎝를 사용하여 뉴턴은 낙하하는 달의 가속도를 구하였는데, 그 값은 0.27㎝/초^{2}로 지구 표면에서의 가속도 981㎝/초^{2}보다 3,640배나 작은 것이었다. 여기서 확실해진 것은 중력은 지구로부터의 거리에 따라 감소한다는 것이었다. 그러나 이 감소에 관계되는 법칙은 무엇인가? 지면으로 떨어지는 사과가 지구의 중심으로부터 6,371㎞

되는 거리에 있는 반면, 달은 384,400㎞ 되는 거리, 즉 60.1 배나 더 먼 거리에 있다. 앞서 구한 것과 더불어 이제 그 두 가지의 비율 즉 3640과 60.1을 비교하여 뉴턴은 앞 숫자는 뒤의 것의 거의 제곱이라는 것을 알아차렸다. 이것은 중력의 법칙이 대단히 단순함을 뜻하는데, 여기서 당기는 힘(인력)은 거리의 제곱에 반비례하여 감소한다는 결론이 나왔다.

그러나 지구가 사과와 달을 당긴다면 왜 태양이 지구와 다른 행성들을 그 궤도에 그대로 돌게 하면서 당긴다고 가정할 수 없는가? 그러면 또한 개개 행성들은 서로가 당기는 힘이 있어서, 계의 중심 물체에 대한 각각의 운동이 영향을 받을 것임에 틀림없다. 그리고 또한 두 사과도 비록 우리의 감각으로 느끼기에는 너무나 약한 힘이라 하더라도 서로 당기고 있음에 틀림없다. 실제로 만유인력은 상호 작용하는 물체들의 질량에 의존함이 명백하다. 뉴턴이 이룩한 기본적인 역학 법칙에 의하여 한 물체에 작용한 힘은 그 물체를 가속시키는데, 그 크기는 작용한 힘에 비례하고 물체의 질량에 반비례한다는 것이다. 실제로 질량이 두 배인 것을 같은 속력이 되도록 하려면 두 배의 힘이 든다. 그렇기 때문에 모든 물체는 그의 무게에 관계없이 중력량에서 똑같은 가속도를 가지고 낙하한다는 갈릴레오의 발견으로부터 그 물체들을 끌어당기는 힘들은 질량에 비례한다는 결론을 밝혀 낼 수밖에 없다. 그렇다면 중력은 서로의 질량에 비례한다는 생각을 가질 수가 있다. 지구와 달 사이의 중력에 의한 인력은 질량이 대단히 크기 때문에 매우 강할 것이다. 지구와 사과 간의 인력은 사과가 너무나 작기 때문에 대단히 약할 것이고, 두 사과 간의 인력은 거의 무시될 만큼 작다. 이러한 논의를 거쳐 뉴턴은 만유인력 법칙(Law of Universal Gravity)의 식을 이끌어내게 되었는데, 그것은 모든 물체는 두 물체의 질량의 곱에 비례하고 거리의 제곱에 반비례하는 힘으로 서로 당긴다는 것은 M_1, M_2를 상호 작용하는 물체의 질량이라 하고, R을 그들 간의 거리라면 중력에 의한 상호 작용은 다음과 같이 단순한 식으로 표시된다.

$$F = \frac{GM_1 M_2}{R^2}$$

여기서 G는 중력이라는 뜻의 영어 'Gravity'에서 첫 자를 딴 것으로 만유인력의 상수를 뜻한다.

그런데 뉴턴은 자기 생전에 이 두 물체 간에 작용하는 그의 인력 법칙의 직접적인 실험 결과를 보지는 못하였다. 뉴턴이 죽은 후 70년 만에 또 한 사람의 유명한 영국인 캐번디시(H. Cavendish)가 그 이론을 지지하는 실험을 하였다. 일상생활 품 사이에 작용하는 중력의 존재를 밝히기 위하여 캐번디시는 매우 섬세한 기구를 사용하였다. 그 기구는 당시의 실험 기술로는 최고 수준이었지만 오늘날에는 대학의 일학년생들에게 뉴턴의 만유인력 법칙을 인상 깊게 설명하기 위해 물리학 강의실에서 보여 줄 수 있는 정도의 것이다. 캐번디시 저울의 원리가 〈그림 8〉에 그려져 있다. 가벼운 장대의 양 끝에 두 개의 작은 구가 붙어 있는데 이것을 거미줄과 같이 가늘고 긴 줄에 매달아서 공기의 흐름에 의한 영향을 받지 않도록 유리 속에 넣는다. 그리고 유리 밖에는 두개의 대단히 무거운 물체를 중심축 주위로 돌 수 있도록 매달아 놓는다. 전체가 평형 상태에 이르렀을 때에 밖에 있는 큰 물체의 위치를 변경시키면 유리 속에

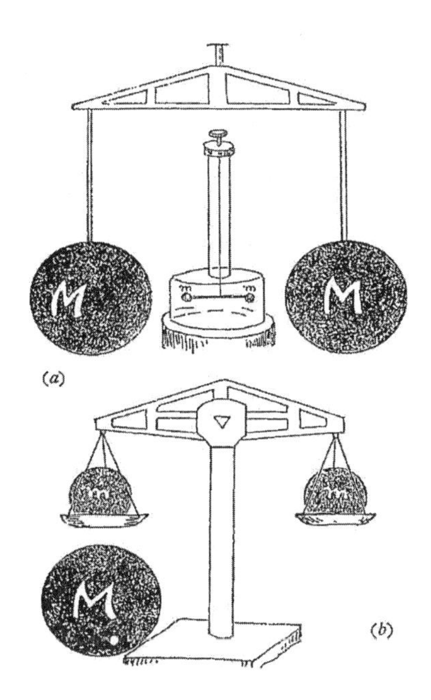

〈그림8〉 (a) 캐번디시 저울의 원리, (b) 보이스가 개조한 저울의 원리

있는 작은 구는 큰 물체가 당기는 중력에 의하여 약간 비틀린다. 이 비틀린 각을 측정하고 줄을 비트는 데 드는 힘을 알아내어 캐번디시는 큰 물체와 작은 구 사이에 작용하는 힘을 어림잡을 수 있었다. 이 실험으로 그는 뉴턴 법칙의 식 속에 있는 상수 G의 값이 6.66×10^{-8}임을 밝혔는데 이때 길이, 질량, 시간 ㎝, gm, sec로 측정된 것이었다. 이 값을 이용하여 우리는 가까이 놓여 있는 두 사과 간의 중력이 1g 중의 1억 분의 1에 해당하는 무게와 같음을 계산해 낼 수 있다.

후에 캐번디시의 실험을 변형하여 실험한 영국의 물리학자 보이스(C. V. Boys, 1885~1994)에 의하여 나중에 다시 측정되었다.* 같은 무게의 두 물체를 저울 양편에 올려놓고 눈금을 본 다음(〈그림 8〉), 한편에 큰 물체를 갖다 놓아 조금 기우는 것을 관찰하였다. 다음에 보이스는 지구가 당기는 것과 갖다 놓은 큰 물체가 당기는 것에 대하여 연구함으로써 지구와 그 물체의 질량비를 계산할 수 있었는데, 이로써 그는 지구의 질량이 6×10^{24}㎏임을 알았다.

* C.V. Boys는 SSS의 한 권인 『Soap Bubbles and the Forces Which Mould Them』의 저자이다.

3장
미분과 적분 해석

뉴턴이 그의 과학 연구 생애에 있어 매우 일찍부터 증력에 대한 기본 개념을 가지고 있었음에도 불구하고 1687년에 발행된 그의 유명한 저서 『자연철학의 수학적 원리(Philosophiae Naturalis Principia Mathematica)』 속에 중력론의 완전한 수학식을 제시할 수 있었을 때까지 20여 년간이나 발표하지 않고 있었음은 매우 이해하기 어려운 일이다.

그렇게 오랫동안 지연된 이유는 뉴턴이 중력의 물리적 법칙에 대해서는 아주 명확한 개념을 가지고 있었으나 물체든 간에 작용하는 그의 기본 법칙이 모든 경우에 바람직한 결과를 이끌어내는데 필요한 수학적 방법이 없었기 때문이었다. 당시의 수학은 물체들 간의 중력에 의한 상호 작용과 관련하여 생기는 모든 문제의 해를 구할 수 있을 만큼 발전하지 못하였다. 예를 들면 앞 장에서 서술한 지구와 달 문제의 취급에 있어서 뉴턴은 중력이 두 물체의 중심 간의 거리에 제곱에 반비례한다고 가정할 수밖에 없었다. 그러나 한 개의 사과가 지구에 끌릴 때 작용하는 힘은 무한히 많은 서로 다른 힘으로 구성되어 있다. 예를 들면 사과나무 뿌리 밑의 깊숙한 여러 곳에 있는 바위들이 끄는 힘, 히말라야와 로키산맥의 바위들이 끄는 힘, 태평양의 물, 그리고 지구 내부에 있는 암장이 끄는 힘 등 헤아릴 수 없을 만큼 많다. 지구가 사과에 작용하는 것과 달에 작용하는 힘의 비를 어떻게 이끌어냈는지 앞서 보여 주었는데 이것이 수학적으로 완전하게 증명되려면 뉴턴으로 하여금 작용하는 모든 힘의 합이 마치 지구의 모든 질량이 중심에 모여 있을 때 작용하는 하나의 힘과 같음을 증명하지 않으면 안 되었다.

이 문제는 마치 일정하게 증가하는 속도를 가진 한 질점의 운동에 관한 갈릴레오의 문제와 비슷하면서도 더 어려운 것으로, 그것은 뉴턴 시대의 수학 수준을 넘는 것이었다. 뉴턴은 자기 자신의 수학을 연구 발전시키지 않으면 안 되었다. 그 연구로 말미암아 뉴턴은 오늘날 미분 해석 또는 단순히 해석(Calculus)이라 불리는 수학의 기초를 닦아 놓은 것이다. 수학의 이 분야는 물리과학을 공부함에 '절대적으로 필요한' 것으로 생물학과 기타의 분야에도 점점 필요불가결하게 되어 가고 있다. 이것은 고전기하학의 선, 면, 부피들을 아주 많은 미소 부분으로 나누어 극한의 경우를 고려하는 것으로써, 고전적인 수학적 방법과는 다르다. 우리는 이미 뉴턴이 달의 가속도를 구하는 데 그러한 방법을 썼음을 살펴보았는데, 우리는 아주 짧은 시간 동안의 달의 위치 변경을 고려하여 식의 좌변에서 둘째 항을 첫째 항과 비교하여 무시할 수가 있었다.

운동하는 물체의 좌표 x가 시간 t의 한 함수로 주어지는 일반적인 운동을 생각하자. 일상용어로 말하면 이 말의 뜻은 x의 값이 t의 값에 따라 어떤 일정한 방법으로 변하는가를 따지는 것이다. 가장 간단한 경우는 x가 t에 비례하는 때다.

그것을 식으로 써 본다면

$$x=At$$

여기에서 A는 식의 양변을 동일하게 하는 하나의 상수이다.

이 경우는 아주 간단하다. 즉 t와 $t+\Delta t$인 두 시각의 순간을 생각하자. 여기에서 Δt는 미소 증가로 후에 0으로 접근시킬 것이다. 이 짧은 시간 간격 동안에 운동한 거리는

$$A(t+\Delta t)-At=A\Delta t$$

그리고 양변을 Δt로 나누면 A를 얻는다. 이 경우에는 Δt를 무한히 작게 할 필요가 없으며 그 이유는 식에서 소거되기 때문이다. 이래서 우리는 x의 시간에 대한 변화율, 또는 뉴턴이 부른 것 같이 〈x의 플럭션〉(fluxion)을 얻는다.

$$\dot{x}=A$$

여기에서 변수 위에 점을 찍은 것은 변화율을 뜻한다.

이제 다음과 같이 한층 더 복잡한 경우를 고찰하자.

$$x=At^2$$

또 다시 t와 $t+\Delta t$에 대한 x의 값을 취해서 그 차를 구하면

$$A(t+\Delta t)^2-At^2$$

인데, 괄호를 열면

$$At^2+2At\Delta t+\Delta t^2-At^2=2At\Delta t+\Delta t^2$$

위에 식을 Δt로 나누면 다음과 같은 두 개의 항이 남는다.

$$2At+\Delta t$$

이제 Δt가 무한히 작게 되면 둘째 항은 없어지고 $x=At^2$의 플럭션을 얻는다.

$$\dot{x}=2At$$

세 번째로 다음과 같은 경우를 생각하자.

$$x=At^3$$

이 식의 플럭션을 구하자면 다음 식을 계산해야 한다.

$$A(t+\Delta t)^3-At^3$$

여기서 우리는 다음 식을 얻게 된다.

$$A(t^3+3t^2\Delta t+3t\Delta t^2+\Delta t^3)-At^3=3At^2\Delta t+3At\Delta t^2+A\Delta t^3$$

위 식을 다시 Δt로 나누면

$$3At^2+3At\Delta t+A\Delta t^2$$

그래서 Δt가 무한히 작아지면 끝의 두 항은 없어지고 우리는 다음과 같은 $x=At^3$의 플럭션을 얻는다.

$$\dot{x}=3At^2$$

더 계속하면 $x=At^4$, $x=At^5$ 등의 플럭션이 $4At^3$, $5At^4$ 등임을 알 수 있는데, 이것으로 쉽게 다음과 같은 일반 규칙을 얻을 수 있다. n이 정수이면 $x=At^n$의 플럭션은 nAt^{n-1}이다.

앞 예와 같이 시간이나 시간의 제곱 또는 시간의 세제곱에 정비례하는 양(量)의 플럭션은 구하지만, 시간의 몇 제곱으로 반비례하여 변하는 양의 플럭션은 어떤가? 잘 알다시피,

$$t^{-1}=\frac{1}{t}; t^{-2}=\frac{1}{t_2}; t^{-3}=\frac{1}{t_3}; \cdots$$

등의 부멱수의 관계와 앞서 한 바와 같은 과정으로

$$x=At^{-1};\ x=At^{-2};\ x=At^{-3};\ \cdots$$

등의 플럭션은 다음과 같음을 알 수 있다.

$$\dot{x}=-At^{-2}; \dot{x}=-2At^{-3}; \dot{x}=-3At^{-4}; \cdots$$

여기서 부가 나오는 것은, 반비례하는 경우 변수의 양이 시간에 따라 감소하고 변화율이 음수이기 때문이다. 그러나 플럭션을

〈표 3-1〉

$x=$	At^{-3};	At^{-2};	At^{-1};	At;	At^{2};	At^{3};	At^{4};	…
$\dot{x}=$	$-3At^{-4}$;	$-2At^{-3}$;	$-At^{-2}$;	A;	$2At$;	$3At^{2}$;	$4At^{3}$;	…

구하는 일반 규칙은 정비례하는 경우와 같다. 플럭션을 구하기 위해서는 원함수에 지수를 곱하고 지수에서 1을 뺀다. 지금까지 논한 것을 표로 요약하면 〈표 3-1〉과 같다. $\dot{x}$는 뉴턴 표시(notation)에서 x의 변화율이며 $\ddot{x}$는 변화율 $\dot{x}$의 변화율을 표시한다. 예를 들면, $x=At^3$일 때

$$\dot{x}=3At^2 \text{이고 } \ddot{x}=\boxed{\dot{3At^2}}=3A\cdot 2t=6At$$

또한 $\dddot{x}$는 변화율의 변화율의 변화율이다. 그러므로

$$\dddot{x}=\boxed{\dot{6At}}=6A$$

자, 이제 우리는 이 간단한 규칙을 물체의 자유낙하에 대한 갈릴레오의 식에 적용해 볼 수 있다. 1장에서 우리는 t시간 동안에 운동한 거리는 다음과 같음을 알았다.

$$s=\frac{1}{2}at^2$$

속도 v는 위치의 변화율이므로,

$$v=\dot{s}=\frac{1}{2}a\cdot 2t=at$$

위 식은 속도가 단순히 시간에 비례함을 말해 준다. 가속도 a는 속도의 변화율(위치의 변화율의 변화율)인데,

$$a = \ddot{s} = \dot{v} = a$$

이것은 물론 논의의 여지가 없는 당연한 결과이다.

이 이야기를 끝내기 전에 언급해 둘 것은 뉴턴의 플럭션 기호가 현대의 책에는 드물게 쓰인다는 점이다. 또한 뉴턴이 오늘날 미분 해석이라고 일컫는 플럭션 방법을 연구하고 있는 동안, 독일 수학자 라이프니츠(Gottfried Wilhelm Leibniz, 1646~1716)도 같은 것을 연구하고 있었는데, 다만 좀 다른 용어와 기호를 사용하였다. 뉴턴이 1차, 2차, 3차의 플럭션(Fluxion)이라고 부른 것을 라이프니츠는 1차, 2차, 3차 디리버티브(Derivative)라 하였고,

$$\dot{x},\ \ddot{x},\ \dddot{x}\ \cdots$$

대신에

$$\frac{dx}{dt};\ \frac{d^2x}{dt^2};\ \frac{d^3x}{dt^3}\ \cdots$$

을 썼다. 그러나 두 체계의 수학적 내용은 말할 것도 없이 똑같은 것이다.

미분 해석은 기하학적 원형의 부분들이 무한히 작아질 때의 관계를 고찰하는 것이지만, 적분 해석은 바로 그 반대로 무한히 작은 부분들을 어떤 일정한 크기의 기하학적 도형으로 모으는 것이다. 우리는 이미 1장에서 이 방법을 취급한 바 있는데, 거기에서는 한 질점의 운동 거리를 구함에, 매우 짧은 시간 간격 동안에 운동한 거리에 대응했던 많은 수의 좁은 직각사각형을 더하는 갈릴레오의 방법을 서술하였다. 이와 비슷한 방법이 이미 갈릴레오 이전에 그리스의 수학자들에 의하여 원뿔과 기타

의 간단한 기하학적 도형의 부피를 구하는 데 사용되었던 것이다. 그러나 이런 문제를 푸는 일반적 방법은 알지 못하였다.

미분과 적분 해석의 관계를 이해하기 위하여 〈그림 9〉에 그려진 함수 v(t)와 같이 속도가 주어진 한 점의 운동을 생각해보자. 〈그림 3〉에 표시된 간단한 경우와 같은 방법을 쓰면 t시간 동안 운동한 거리 s는 속도 곡선 밑의 넓이로 주어진다. 어느 특정 순간에 있어서의 s의 변화율은 그 순간의 속도로 주어진다. 그렇기 때문에 우리가 쓸 수 있는 것은

$$\dot{s}=v \text{ 또는 } \frac{ds}{dt}=v$$

와 같이 뉴턴이나 라이프니츠의 기호로 각각 표시할 수 있는 것이다. 그러므로 만일 v가 시간의 함수로 주어지면 s도 마땅히 시간의 함수로서 그 플럭션 또는 디리버티브가 v와 같아야 한다. 일양한 가속운동의 경우는

v=at

이므로 우리는 그 플럭션이 at인 시간의 한 함수를 찾아야 된다.

〈표 3-1〉에 의하면 At^2의 플럭션이 2At이므로 $\frac{1}{2}At^2$의 미분은 At이다. 그렇기 때문에 A 대신 a를 쓰면 $s=\frac{1}{2}at^2$임을 알 수 있다. 이것은 물론 갈릴레오가 순전히 기하학적 고찰로부터 얻었던 것과 같은 결과이다.

그러나 이제는 좀 더 복잡한 두 가지 경우를 생각하자. 하나는 속도가 시간의 제곱에 따라 증가하고, 또 하나는 시간의 3제곱에 따라 증가하는 경우를 생각하면, 그것은 다음과 같이 쓸 수 있다.

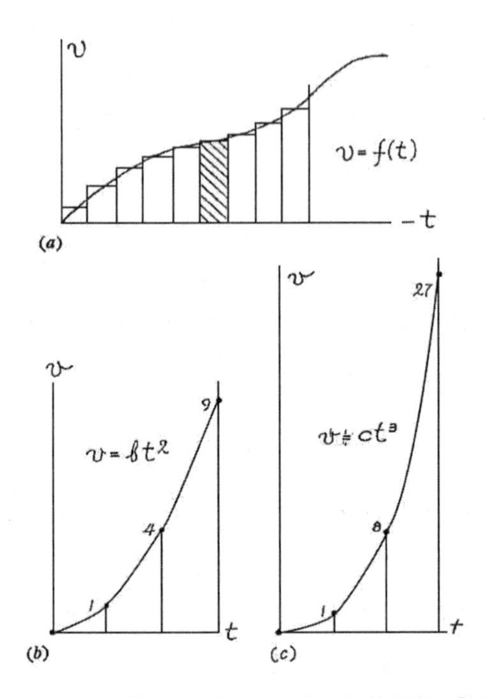

〈그림 9〉 (a) 임의 함수의 적분, (b) 제곱에 비례하는 함수의 적분,
(c) 세제곱에 비례하는 함수의 적분

$v=bt^2$ 그리고 $v=ct^3$

이 두 경우는 〈그림 9〉의 그래프에 그려져 있다. 마치 전에 구했던 간단한 예와 같이 운동한 거리는 곡선 밑의 넓이로 표시된다. 그러나 이 경우는 직선이 아니고 곡선이기 때문에 이 넓이를 어떻게 구해야 할지는 간단한 기하학적 규칙이 없다. 뉴턴의 방법을 이용하여 〈표 3-1〉을 보면 At^3과 At^4의 미분은 $3At^2$과 $4At^3$으로 주어진 속도의 표현과는 오로지 숫자적 상수만 다르다. 여기서 $3A=b$ 그리고 $4A=c$로 정하면 두 곡선 밑의

〈표 3-2〉

$\dot{x}=$	At^{-4};	At^{-3};	At^{-2};	A;	At;	At^2;	At^3;	…
$x=$	$-\frac{A}{3}t^{-3}$;	$-\frac{A}{2}t^{-2}$;	$-At^{-1}$;	At;	$\frac{A}{2}t^2$;	$\frac{A}{3}t^3$;	$\frac{A}{4}t^4$;	…

넓이를 다음과 같이 구할 수 있다.

$$s_b = \frac{1}{3}bt^3 \text{ 그리고 } s_c = \frac{1}{4}ct^4$$

이 방법은 대단히 일반적인 것으로 t의 어떤 멱함수에도 사용할 수 있으며 다음과 같은 더 복잡한 표현에도 사용할 수 있다.

$$v=at+bt^2+ct^3$$

인 경우,

$$s = \frac{1}{2}at^2 + \frac{1}{3}bt^3 + \frac{1}{4}ct^4$$

이러한 논의에서 적분 해석은 미분 해석의 반대 과정임을 알 수 있다. 여기에 있어서 문제는 그 미지함수의 미분이 주어진 함수와 같은 미지의 함수를 찾는 것이다. 그리하여 이제 〈표 3-1〉을 두 줄의 순서를 바꾸고 상수를 변경함으로써 〈표 3-2〉로 다시 쓸 수 있다.

우리는 x 가 $\dot{x}$의 적분이라고 말한다. 뉴턴의 기호로는

$$x = (\dot{x})'$$

로 쓸 수 있는데, 여기서 괄호 밖의 점(prime)은 x 위의 점(dot)과 반대되는 것이다. 라이프니츠 기호로 쓰면,

$$x = \int \dot{x}dt$$

인데, 여기서 우변 앞에 있는 기호는 합(sum)이라는 영어 단어

의 S를 길게 늘인 것에 지나지 않는다.

이 새로 만든 〈표3-2〉를 앞에 나온 등가속운동에 적용해 보자. 가속도는 일정하므로

$$\ddot{x} = a \text{ 또는 } \dot{\boxed{\dot{x}}} = a$$

이것으로부터

$$\dot{x} = \int a dt = at$$

표를 이용하여 또 한 번 적분하면,

$$x = \int at dt = \frac{1}{2}at^2$$

즉 앞과 같은 결과를 얻는다. 만일 가속도가 일정하지 않으면, 다시 말해서 시간에 비례하면 다음과 같이 된다.

$$\ddot{x} = bt$$

$$\dot{x} = \int bt dt = \frac{1}{2}bt^2$$

$$x = \int \frac{1}{2}bt^2 dt = \frac{b}{2}\int t^2 dt = \frac{b}{6}t^3$$

이 경우 운동하는 물체가 움직인 거리는 시간의 3제곱에 비례하여 증가할 것이다.

미적분과 적분 해석의 기초 공식은 3차원의 모든 좌표 x, y, z가 있는 경우로 확장될 될 수 있으나, 이것은 지금까지의 논의가 너무나 쉽다고 생각하는 독자에게만 해 보도록 권고하면서 숙제로 남겨 두기로 한다.

해석의 기본 원리를 연구한 다음 뉴턴은 그것을 중력론 앞에

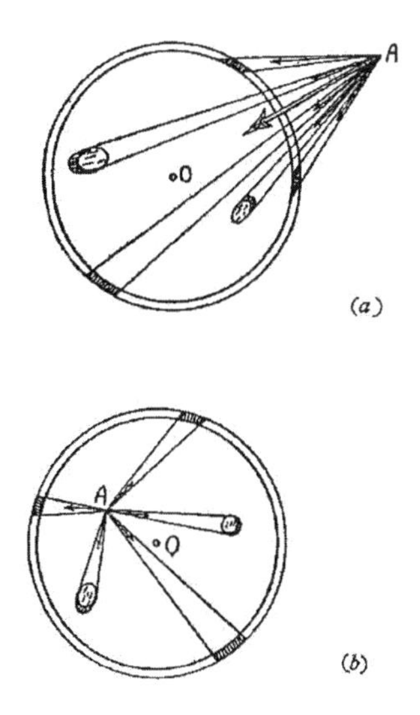

〈그림 10〉 (a) 구각 밖에 있는 점에 구각이 작용하는 힘,
(b) 그와 반대로 구각 안에 있는 점에 작용하는 힘

가로놓여 있는 문제를 푸는데 적용하였다. 우선 지구 전체에 의해, 지구 중심에서 어떤 거리에 있는 임의의 작은 물체에 작용하는 중력의 문제에 적용했다. 이를 위해서 그는 지구를 동심원인 껍질(각)로 나누고 그들의 중력의 작용을 따로 따로 고려했다(그림 10).

적분 해석을 이용하기 위해서는 구각 면을 동일하게 작은 넓이로 많이 나누어 물체 A점까지의 거리의 제곱에 반비례하는 법칙으로 각 부분이 작용하는 중력을 계산해야 된다. 이 해석은 A점에 작용하는 많은 수의 힘 벡터(Vector)들을 벡터 합의 규칙대로 적분해야 된다. 이 문제의 실제적 해결은 우리가 논의한 기본 원리를 넘어서는 어려운 문제이나 뉴턴은 기어코 풀고야 말았다. 결과는 이러했다. 점 A가 구각 밖에 있을 때는 모든 작용하는 힘 벡터의 힘이 하나의 벡터가 되는데, 이 벡터는 마치 구각의 모든 질량이 중심에 모여 있는 경우에 작용하는 중력과 같다는 것이다. 점 O가 구각의 속에 있을 때는 모든 벡터의 합이 0으로 그 물체에 작용하는 중력은 없다는 것이다. 이 결과가 지구가 사과를 당기는 힘에 대한 뉴턴의 문제를 풀게 하였고, 그가 어렸을 때 링컨셔 농장의 과수원에서 생각하던 수수께끼의 만유인력 법칙을 정당화하게 하였던 것이다.

4장
행성의 궤도

이제 해석을 좀 공부하였으니 그것을 적용하여 중력에 의한 자연적 및 인공적 천체의 운동을 이해할 수 있을 것이다. 첫째로 지구의 중력에 묶여 있는 로켓을 탈출시키기 위해서는 지면에서 얼마나 빠른 속도로 로켓을 쏘아야 하는가 계산해 보자.

큰 피아노를 높은 건물 위로 운반해야 하는 가구 운반자들을 생각하자. 가구를 운반하는 사람들이 잘 알다시피 큰 피아노 한 대를 3층까지 끌어올리는 데는 1층까지 올리는 것 보다 3배의 일을 더 해야 한다. 또한 무거운 가구를 운반하는데 더 해야 할 일은 그 무게에 비례한다. 즉 6개의 걸상을 운반하는 데는 한 개의 걸상을 운반하는 것보다 6배의 일을 더 해야 한다.

이것은 물론 거의 관계가 없는 이야기지만, 로켓을 어떤 궤도에 진입시키기 위하여 높은 데로 올리는 것, 또는 더 높이 올려 달에 보내는 데 필요한 일은 어떤가 생각해 보자. 이런 종류의 문제를 이해하는 데 있어 기억해 두어야 할 것은 중력은 지구의 중심으로부터의 거리에 따라 감소하는 점이다. 따라서 물체를 높이 올리면 올릴수록 상대적으로 더 높이 올리는 것이 보다 더 쉽다.

〈그림 11〉은 지구 중심으로부터의 거리에 따른 중력의 변화를 보여 준다. 지구의 중심으로부터 멀어질수록 중력이 계속 감소한다는 것을 참작하면서 한 물체를 지구의 중심으로부터 거리 R_0인 지표면에서 거리 R되는 곳까지 끌어올리는 데 필요

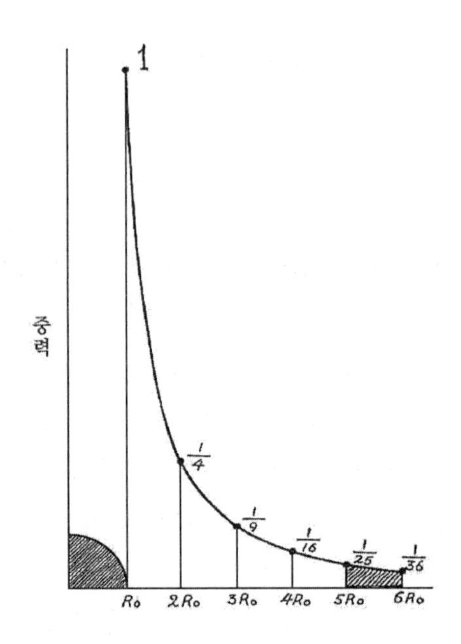

〈그림 11〉 거리에 따른 중력의 감소(R_0는 지구의 반경이다)

한 일을 계산하기 위해서는 R_0로부터 R까지의 거리를 많은 수의 작은 간격 dr로 나누어 그 거리를 움직이는 데 드는 힘을 고찰해야 한다. 거리의 미소 변화에 대해 중력은 실제로 일정하다고 생각할 수 있으므로(가구 운반자들을 생각하자), 한 일은 물체를 움직이게 하는 힘에 움직인 거리를 곱한 것이다. 이것은 〈그림 11〉에서 빗금 그은 사각형의 넓이와 같다. 무한히 작은 변화의 극한까지 가면 한 물체를 R_0로부터 R까지 끌어올리는 데 드는 일은 당기는 힘을 표시하는 곡선 밑의 면적임을 결론지을 수 있다. 앞 장의 적분 기호를 쓰면,

$$W=\int_{R_0}^{R}\frac{GMm}{r^2}dr=GMm\int_{R_0}^{R}\frac{1}{r^2}dr$$

상수 GMm은 적분 과정에 아무 영향도 끼치지 않기 때문에 적분할 때는 제거하고 적분 결과에 곱해 준다. 〈표 3-2〉를 정리하면 $\frac{1}{r^2}$의 적분은 $-\frac{1}{r}$임을 알 수 있다$\left(\frac{1}{r}\text{의 미분은 }-\frac{1}{r^2}\right)$. 따라서 해 준 일은

$$W=-\frac{GMm}{R}-\left(-\frac{GMm}{R_0}\right)=GMm\left(\frac{1}{R_0}-\frac{1}{R}\right)$$

여기서 $P_R=-\frac{GM}{R}$은(단위 질량을 들어 올린 것과 관계된 것으로) 중력 퍼텐셜(Gravitational Potential)이라고 알려진 것인데, 단위 질량을 지면에서 위로 일정한 거리만큼 들어 올리는데 해야 될 일은 이 두 장소의 중력 퍼텐셜의 차와 같다고 말한다.

뉴턴은 이런 단순한 생각을 일찍 알고 있었지만, 태양 주위의 행성과 행성 주위의 위성의 운동에 관한 케플러의 법칙을 설명하는 데 훨씬 어려움을 겪었다. 이 케플러의 법칙은 뉴턴보다 반세기나 앞서 살았던 독일 천문학자 요하네스 케플러(Johannes Kepler, 1571~1630)에 의해 발견되었던 것이다. 항성에 대한 행성의 운동을 연구함에 케플러는 그의 스승 티코 브라헤(Tycho Brahe)가 관측한 데이터를 갖고 있었다. 케플러는 모든 행성의 궤도가 태양을 한 초점으로 한 타원임을 알았다. 고대 그리스의 수학자들은 원추의 축에 비스듬하게 자른 단면을 타원이라 정의하였다. 이때 자르는 평면의 경각이 클수록 타원은 더 길죽한 형태가 된다. 만일 그 평면이 축과 직각이 되게 원추를 자르면 원이 된다. 타원의 또 다른 하나의 정의는

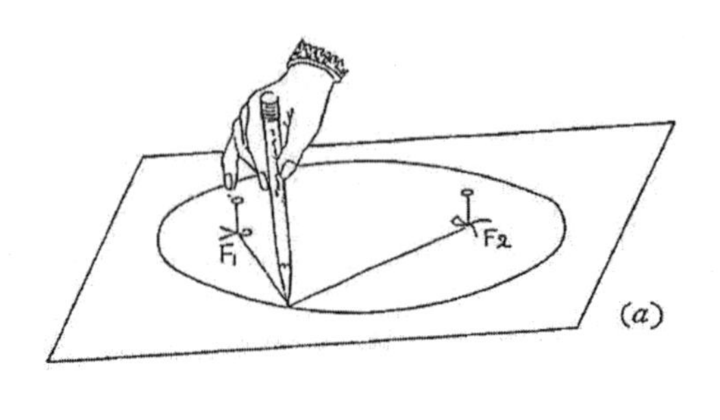

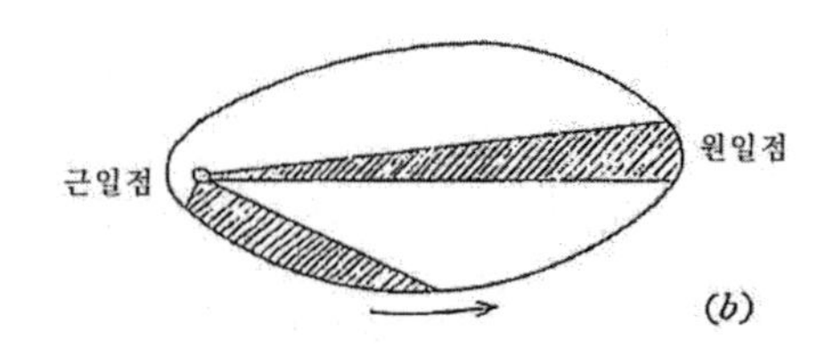

〈그림 12〉 (a) 타원을 그리는 한 가지의 간단한 방법, (b) 케플러의 둘째 법칙

초점이라고 하는 두 고정점으로부터의 거리의 합이 늘 일정한 폐곡선이 타원이라는 것이다. 이 정의가 두 개의 핀과 하나의 끈으로 〈그림 12〉와 같이 편리하게 타원을 그리는 방법을 사사하여 준다.

케플러의 둘째 법칙은, 타원 궤도를 도는 행성들의 운동은 태양과 행성을 잇는 가상 직선이 타원면을 휩쓰는 데 같은 시간 동안 휩쓰는 넓이는 같다는 것이다(그림 12).

끝으로 케플러의 셋째 법칙은 9년 후에 발표된 것인데, 행성들의 회전 주기의 제곱은 태양으로부터의 평균 거리의 3제곱에 비례한다는 것이다. 예를 들면 수성, 금성, 화성, 목성의 거리는 태양으로부터 지구까지의 거리를 단위(이것이 이른바 거리의 '천문학적 단위'인데)로 표시하면 0.387; 0.723; 1.524; 5.203이며 그들 각각의 주기는 0.241; 0.615; 1.881; 11.860년이다. 첫 번째 수(거리)를 3제곱하고, 두 번째 수(주기)들을 제곱하면 같은 숫자를 얻는데 그 값은 0.0580; 0.3785; 3.5396; 140.85이다.

뉴턴은 그의 초기 연구에서 간단히 하기 위해 궤도가 정확히 원형이라고 생각하고 고찰한 결과 2장에서 살펴본 바와 같이 비교적 기초적인 중력의 법칙을 이끌어낼 수 있었다. 그러나 이 첫 번째 단계를 거친 다음 그는 만일 중력의 법칙이 정확히 옳다면 원형에서 조금 벗어난 행성들의 궤도는 마땅히 태양을 초점으로 하는 타원형이어야 함을 밝혀야 했다. 물론 달의 경우도 그 궤도가 정확히 원이 아니고 타원이므로 똑같은 경우이다. 뉴턴은 원과 직선에 관한 고전적 기하학으로 밝힐 수가 없었다. 본래 그는 앞서 논의한 것과 같이 그 문제를 풀고자 미분 해석을 연구했다. 앞 장에서 보여준 미분 해석의 초보로는 항상 궤도가 타원이어야 한다는 뉴턴의 증명을 충분히 재현시킬 수 없지만, 바라건대 다음 논의가 독자들로 하여금 어떻게 뉴턴이 그 문제를 풀었는가 하는 것을 이해하는 데 도움을 주기 바란다. 〈그림 13〉에서 행성들이 어떤 일정한 속도 v로 궤도 OO′를 따라 운동하는 것을 보여 준다. 이러한 운동을 서술하는데 편리한 방법은 어느 순간에 있어 행성의 위치를 태양으로부터의 거리 r과, 태양으로부터 지구로 그은 직선(동경 벡터)이 어떤 일정한 방향과 이루는 각 θ로 서술하는 것이다. 행성의 위치가 좌표 r가 θ로 주어지면, 위치의 변화율은 플럭션 $\dot{r}$과 $\dot{\theta}$로, 그리고 변화율의 변화율, 즉 가속도는 제2차 플럭션 $\ddot{r}$와 $\ddot{\theta}$로 주어

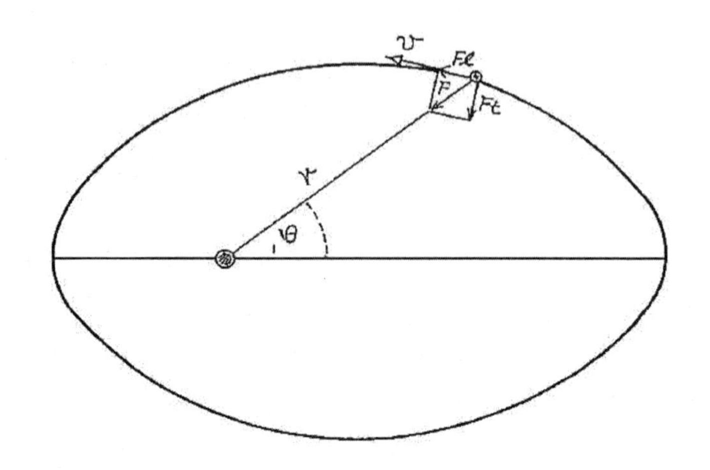

〈그림 13〉 타원 궤도에 따라 운동하는 행성에 작용하는 힘

진다. 행성에 작용하는 중력 $F=\frac{GMm}{r^2}$은 일반적으로 원운동의 경우와 같이 궤도에 직각이 되지 않는다. 힘의 합성법을 역이용하면 운동을 두 성분으로 나눌 수 있는데, 하나는 궤도에 따른 방향과 F_ℓ과, 그에 직각인 F_t로 할 수 있다.*

이렇게 하고, 어떤 방향의 가속도는 그 방향으로 작용하는 힘의 성분에 비례한다는 뉴턴 역학의 기본 법칙을 사용하여 이른바 행성운동의 미분 방정식(Differential Equations)을 얻는다. 이 식들이 좌표 r과 θ 간의 관계, 그 플럭션이 $\dot{r}$와 $\dot{\theta}$, 그리고 제2차 플럭션의 $\ddot{r}$와 $\ddot{\theta}$ 간의 관계를 얻게 한다. 나머지는 순수한 수학에 지나지 않는다. 어떻게 r과 θ가 그 제1차, 2차 플럭션과 더불어 미분 방정식을 만족하는 시간의 함수로 되어야 하

* ℓ과 t는 종(Longitudinal)과 횡(Transversal)을 뜻하는 영어의 첫 자

는가 하는 것을 수학적으로 찾는 일만 남아 있다. 합은 "운동은 마땅히 태양을 초점으로 하는 타원운동이어야 하며 동경 벡터는 같은 시간 내에는 같은 넓이를 휩쓸어야 한다."는 것이다.

지금까지 케플러의 첫째와 둘째 법칙에 대하여 다만 〈서술적〉 유도만 하였으나, 제3법칙의 유도는 행성이 원운동을 한다는 가정만 세우면 완전하게 이끌어 낼 수 있다. 실제로는 2장에서 원운동(중심을 향한)의 구심 가속도는 $\frac{v^2}{R}$으로 여기서 v는 운동체의 속력이고 R은 궤도의 반경이다. 구심 가속도에 질량을 곱하면 중력에 의한 인력과 같아야 하므로 다음과 같이 쓸 수 있다.

$$\frac{mv^2}{R} = \frac{GMm}{R^2}$$

또 한편으로 원형 궤도의 길이는 $2\pi R$이므로 한 번 회전에 대한 주기 T는 다음 식으로 주어진다.

$$T = \frac{2\pi R}{v}$$

또는

$$v = \frac{2\pi R}{T}$$

v의 이 값을 첫 번째 식에 대입하면

$$\frac{m4\pi^2 R^2}{T^2 R} = \frac{GMm}{R^2}$$

또는 재정리하고 양변에서 m을 소거하면,

$$4\pi^2R^3=GMT^2$$

고작 이것이 전부이다. 위의 식이 뜻하는 바는 R의 3제곱은 T의 제곱에 비례한다는 것으로 이것이 곧 케플러의 셋째 법칙이다.

한층 더 높은 수준의 해석 수학을 적용하면 같은 법칙이 더 일반적인 타원 궤도에서도 성립함을 밝힐 수 있다.

뉴턴은 자기의 문제를 풀기 위하여 필요한 수학을 연구 발전시킴으로써 태양계의 운동이 그의 만유인력의 법칙에 좇음을 밝힐 수가 있었다.

5장
팽이와 같이 맴도는 지구

지구의 중력이 어떻게 달을 그 궤도에 머물게 하고, 어떻게 태양의 중력이 지구와 더불어 다른 행성들을 타원 궤도에 따라 운동하도록 하는가 하는 문제를 해결한 다음, 뉴턴은 태양과 달이 맴도는 우리 지구에 어떤 영향을 미치는가에 대하여 주의를 돌렸다. 지구는 자전운동으로 적도 지방의 중력은 원심력에 의하여 일부 감소되어 조금 납작한 구형이어야 한다는 것을 알게 되었다. 실제로 지구의 적도 지방은 극반경보다 21.4㎞ 정도 더 길며 적도의 중력 가속도는 극지방보다 0.3% 작다. 그리하여 지구는 적도 지방이 좀 부풀어 띠를 두른 구로 생각할 수 있는데, 이 부풀음은 적도에서는 약 21㎞이고 극지방에 이르면 없어진다(〈그림 14〉의 a). 태양과 달이 지구의 지구 부분에 작용하는 동력은 중심에 작용하는 하나의 힘과 대등하나 부풀은 부분에 작용하는 힘은 그렇게 대응하지를 못한다. 실제로 중력은 거리에 따라 감소하므로 당기는 물체(태양 또는 달) 쪽으로 부풀은 부분에 작용하는 힘 F_1은 그 반대편 부분에 작용하는 힘 F_2보다 크다. 그 결과 비트는 힘 또는 힘의 모멘트(Torque)라는 것이 생겨 지축이 지구의 공전 궤도면이나 달의 궤도면에 직각이 되도록 하려는 경향이 나타난다. 그러나 자전하는 지축은 이 힘들의 작용으로 인하여 공전하는 궤도면과 직각이 되어야 할 것 같은데, 왜 그렇지 않은가?

이 질문에 답하기 위해서는 우리의 지구가 마치 어린이들이

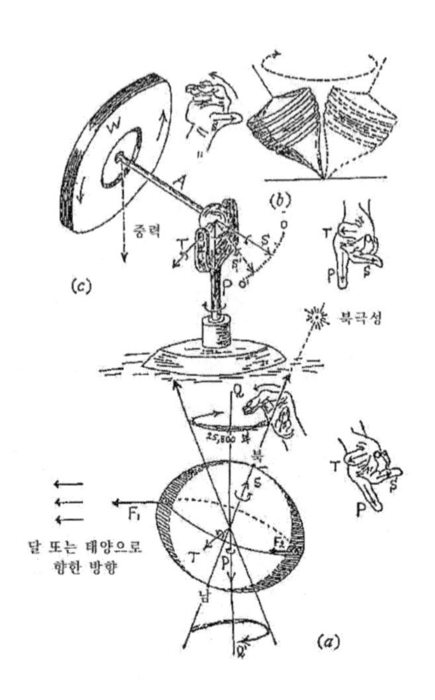

〈그림 14〉 회전하는 자이로와 맴도는 지구

즐겁게 잘 가지고 노는 장난감 팽이와 같이 운동하는 하나의 커다란 팽이라는 것을 알아야 한다. 빨리 도는 팽이는 좀 기울어져도 넘어지지 않고 회전축은 마룻바닥과 일정한 각을 유지하면서 원뿔 모양으로 돈다(〈그림 14〉의 b). 다만 마찰 때문에 팽이의 회전이 느려져 나중에 가서는 마룻바닥에 쓰러진다. 또는 팽이의 모형을 좀 더 특수화한 것이 이론 역학의 강의 시간에 보통 사용되는데, 〈그림 14〉의 (c)가 그 그림이다. 이것은 수직축 주위로 돌 수 있는 갈퀴 모양의 F, 이 갈퀴가 받치고 있으며 상하로 움직이며 정지된 점 주위를 돌 수 있는 지지대 A, 그리고 이 지지대 끝에는 볼 베어링을 써서 마찰을 적게 하여 돌 수 있게 연결해 놓은 관성 바퀴 W 등으로 된 것이다. 이 바퀴가 돌지 않으면 지지대가 아래로 기울어 바퀴가 책상 위에 놓여 있게 되지만, 그 바퀴를 빠르게 회전시키면 전체가 완전히 다른 방법으로 움직이게 되는데, 이 현상을 처음 보는 사람은 믿어지지 않는 운동현상이 될 것이다. 바퀴가 돌면 지지대와 바퀴는 책상 위에 떨어져 놓여 있지 않게 되고, 바퀴가 돌고 있는 한 바퀴와 지지대 그리고 갈퀴대 전체가 천천히 수직축 주위를 회전하게 된다. 이것이 잘 알려진 회전의(Gyroscope)의 원리인데, 이것은 실제적인 응용이 대단히 넓다. 그중에는 바다를 항해하는 배와 하늘을 나는 비행기의 진로를 안내하는 〈회전의 나침반(Gyroscopic Compass)〉과 좋지 않은 날씨 속에서 출렁임을 막아 주는 〈회전의 안정기(Gyroscopic Stabilizer)〉가 있다.

아마도 회전의 가장 재미있는 응용은 프랑스의 물리학자 장 페랭(Jean Perrin, 1870~1942)이 고안한 것일 것이다. 그는 회전하고 있는 항해용 회전기를 가방에 넣고 파리의 기차역에서 그 가방을 소포로 탁송했다(당시에는 민간 여객기가 없었다).

기차역에서 물건을 운반하는 짐꾼이 그 가방을 들고 걸어가다 모퉁이를 돌려고 하니 가방이 돌려지지가 않았다. 깜짝 놀란 짐꾼이 힘을 주었더니 그 가방은 짐꾼의 손목을 비틀면서 이상한 각도로 휙 틀어지는 것이 아닌가!(그림 15) 짐꾼은 "틀림없이 귀신이 이 속에 있다!"고 소리 지르며 그 가방을 내던지고 달아나 버렸다는 것이다. 일 년 후에 페랭은 노벨상을 받게 되었는데 그것은 회전의의 실험으로서가 아니라 분자의 열운동에 관한 연구로 인한 것이었다.

〈그림 15〉 페랭의 실험

회전의의 특별한 운동을 이해하기 위해서는 회전운동의 벡터 표시에 대해서 잘 알아야 한다. 1장에서 논의한 것과 같이 병진운동의 속도는 운동하는 방향으로 그 속력에 비례하는 길이의 화살(벡터)로 표시할 수 있다. 회전에 있어서도 같은 방법이 사용된다. 회전축과 나란히 화살을 긋는데 그 길이는 매분마다 몇 회전을 하는가의 단위 RPM(Revolutions Per Minute)과 이에 대등한 단위들로 측정된 각속도의 크기에 대응되게 한다. 화살이 가리키는 방향은 〈오른손 돌림(Right-Hand Screw)〉의 약속을 쓴다. 즉 오른손의 네 손가락을 회전 방향으로 돌렸을 때 엄지

손가락의 방향이 화살의 방향이다(이 규칙은 병마개나 다른 것을 돌려 뺄 때를 생각하면 아주 간단하다). 〈그림14〉의 (c)에서 벡터 S는 바퀴의 회전 벡터를 뜻한다. 중력에 의한 힘의 능률(비트는 힘)은 벡터 T로 표시했는데, 이 벡터의 방향은 갈퀴의 윗부분의 지지대를 연결하는 돌쩌귀가 뻗힌 방향과 같다.

병진운동의 법칙을 회전운동의 경우까지 확대하면, 회전 속도의 변화율은 작용한 힘의 모멘트에 비례할 것으로 기대된다. 그 때문에 회전하는 팽이에 작용하는 중력의 효과는 벡터 S로 표시된 회전 속도에 변화를 일으켜 벡터 S′가 되게 함으로써 결국 회전축이 원뿔형으로 수직 방향 주위를 돌게 된다. 이것이 바로 맴도는 팽이의 운동을 관찰한 결과와 일치하는 것이 아닌가!

바퀴의 각속도, 힘의 능률, 결과적인 운동 간의 공간 관계는 〈그림 14〉에서 손으로 표시해 놓았다. 오른손의 가운데 손가락을 회전 벡터의 방향으로 하고 엄지손가락을 힘의 능률의 방향으로 하면, 둘째손가락은 그 전체계의 결과적인 회전운동의 방향이다.

이제 서술한 현상은 세차운동(Precession)이라 하는 것으로 모든 회전체에는 공통으로 나타난다. 그것이 항성이건 행성들이건, 어린이의 장난감이건 원자 속의 전자들이건 간에 모두 공통으로 나타나는 현상이다. 지구의 운동에 있어서 세차운동은 태양과 달의 중력에 의한 인력에 의한 것인데, 달이 태양보다 질량은 작지만 지구로부터 가까이 있기 때문에 근본적으로 더 중요한 역할을 한다. 달과 태양의 종합적인 세차운동의 효과는 지축을 1년에 50초의 각만큼 회전시키는데, 완전히 한 바퀴 도는 데는 25800년이 걸린다. 이 현상이 봄과 가을이 시작하는 날을 아주 조금이나마 느리게 하는 소위 주야 평분점 세차운동의 원인인데, 이것은 벌써 B.C. 125년경에 그리스의 천문학자 히파르코스(Hipparchus, B.C. 약 190~120)에 의하여 발견되었던 것이다. 그러나 그 현상의 설명은 뉴턴이 만유인력의 이론을 형성할 때까지 기다려야만 했었다.

6장
조석

태양과 달의 지구에 대한 또 하나의 중요한 영향은 하루 동안에 지구체의 일부를 변형시키는 것인데, 가장 현저한 것이 해양의 조석현상이다. 뉴턴은 바다의 높이가 주기적으로 높아졌다 낮아졌다 하는 것이 바닷물에 대한 태양과 달의 중력적 인력에 의함을 알고 있었다. 달은 태양보다 아주 작지만 지구까지의 거리가 대단히 가깝기 때문에 달의 영향이 현저하게 강하다. 중력은 거리가 멀어지면 감소하므로, 달이나 태양이 있는 쪽의 바닷물을 끄는 힘이 지구의 반대쪽의 바닷물을 끄는 힘보다 크며 따라서 가까이 있는 쪽의 바닷물은 보통 수면보다 높아져야 한다고 뉴턴은 주장했다.

바다의 조석에 대한 이러한 설명을 처음 듣는 사람은 대개 왜 두 군데에 조석현상이 나타나는가, 즉 달이나 태양이 있는 쪽으로 뿐만 아니라 중력이 당기는 방향과 반대쪽에 있는 바닷물에도 조석현상이 생기는가를 이해하기가 매우 어렵다. 이것을 설명하기 위해서는 태양-지구-달계의 역학을 좀 더 자세히 논의해야만 한다. 만일 달이 어느 장소에 고착되어 있다면, 예를 들어 지표상 어느 곳에 굉장히 큰 탑을 세우고 그 꼭대기에 달을 고정시켰다면, 또는 만일 지구 자체가 그 어떤 자연적 힘에 의하여 현 궤도의 어느 점에 정지해 있다면 바닷물은 한쪽에만 모이고 그 반대쪽의 수면은 낮아질 것이다. 그러나 달은 지구 주위를 돌고, 지구는 태양 주위를 돌고 있기 때문에 사정

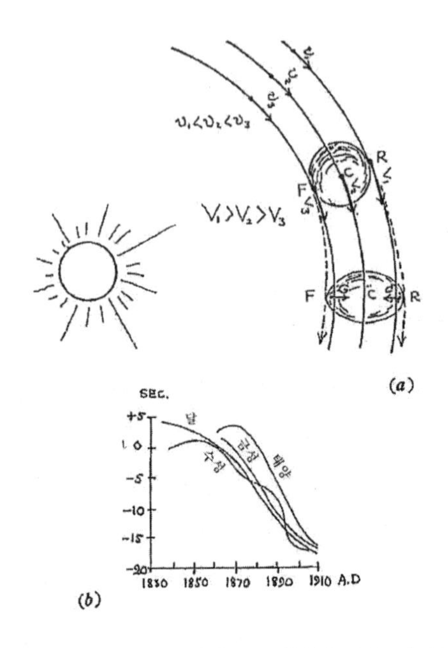

〈그림 16〉 (a) 기조력의 기원, (b) 천체운동의 겉보기 지연

은 전혀 다르다.

먼저 태양에 의한 조석을 고찰하자. 태양 주위를 도는 지구는 한 덩이로 뭉쳐 있기 때문에, 태양 쪽으로 향한 부분(〈그림 16〉 a의 F)의 선속력은 지구의 중심 부분(C)보다 느리고, 이 중심 부분은 바깥 부분(R)의 선속력보다 느리다($V_1>V_2>V_3$). 한편 4장에서 살펴본 것과 같이 태양의 중력 작용에 의한 원형 궤도 운동의 선속력은 태양으로부터의 거리가 멀어짐에 따라 감소한다($V_1<V_2<V_3$). 그리하여 F점은 원운동을 유지하기에 필요한 것보다 작은 선속력을 가져 〈그림 16〉 (a)의 F점에서 점선으로 그은 화살로 표시한 것과 같이 태양 쪽으로 기울려는 경향을 갖게 된다. 또한 R점은 필요한 것보다 큰 선속력을 가져 태양

으로부터 멀어지려는 경향을 보이게 된다(R점에 점선으로 그은 화살). 그리하여 만일 지구를 형성한 물질의 각 부분들 간의 인력이 없으면 지구는 산산조각이 나서 타원 궤도면상에 넓은 판형으로 퍼져버릴 것이다. 이렇게 되지 않는 것은 지구의 모든 부분 간에 적용하는 중력이 각 부분들을 한데 뭉치게 하려는 경향 때문이다. 이러한 두 경향의 타협으로 우리의 지구는 궤도 반경 방향의 양쪽으로 부풀게 되는 것이다.

달에 의한 조석의 효과도 지구와 달이 그들의 공통점인 중력중심(Common Center of Grarity) 주위를 돈다는 점만 고려하면 논의는 똑같다. 달은 지구보다 약 80배 가벼우므로, 중력중심은 지구의 중심으로부터 달까지 거리의 1/80이 되는 곳에 있다. 이 달까지의 거리가 지구 반경의 60배인 것을 기억한다면 지구-달계의 중력 중심은 지구의 중심으로부터 지구 반경의 $\frac{60}{80}=\frac{3}{4}$되는 곳에 있다. 달은 태양의 경우와 기하학적으로 수량 관계는 달라도 물리학적 논의는 똑같다. 지구의 바닷물은 두 군데가 부푸는데, 하나는 중력 중심 쪽(이것이 또한 달이 있는 쪽)이고 또 하나는 그 반대쪽이다.

태양, 지구, 달이 일직선상에 놓이면, 즉 초승달과 보름달 때에는 달과 태양에 의한 조석의 효과가 합쳐져 특별히 높아진다. 그러나 반달이 있는 동안에는 달에 의한 높은 조석과 태양에 의한 낮은 조석이 합쳐져 전체적인 효과는 감소된다.

지구는 완전한 강체가 아니므로 달과 태양에 의한 조석력으로 약간 변형된다. 이것은 물론 물의 경우보다는 대단히 작다. 미국의 물리학자 마이클슨*은 그의 실험으로부터 12시간마다 지표는 약 30㎝ 변하지만 바다의 수면은 4~5배 가량 더 크게 변형된다는 것을 알았다. 지각의 변형이 천천히 그리고 조금씩 일어나기 때문에 우리는 흔들리는 땅 위에서 산다는 것을 실감하지 못하나, 바닷가에 일어나는 조석현상을 볼 때 기억해야 할 것은 우리가 관찰하는 것이 땅덩이와 바닷물의 수직 변화 간의 차(差)뿐이라는 점이다.

지구상의 해양 조석은 바다 밑에서의 마찰로 인하여(특별히 베링해의 얕은 내만 같은 데) 에너지를 잃는다. 영국의 두 과학자 해럴드 제프리즈(Sir. Harold Jeffreys)와 제프리 테일러(Sir. Geoffrey Taylor)에 의하면 조석에 의한 일율은 20억 마력이나 된다는 어림이다.

이러한 에너지의 감소로 인해 지구는 자전 속력이 좀 늦어지는데 이것은 마치 자동차 바퀴에 브레이크를 거는 것과 같다. 조석에 의한 이 에너지의 손실을 지구의 자전 에너지와 비교하면 매회 자전마다 0.00000002초가 느려짐을 알게 되는데, 이것은 하루의 길이가 매일 전날보다 2억 분의 1초가 길어지는 것에 해당한다. 이것은 대단히 작은 변화로, 오늘과 내일 또는 올 설날로부터 내년 설날까지의 차이를 측정할 길은 없다. 그러나 그 효과는 연수가 거듭됨에 따라 축적된다. 100년은 36525일이므로 1세기 전의 하루는 지금보다 0.0007초 짧았다. 그때와 지금을 평균하면 하루의 길이가 지금보다 평균 0.00035초 짧았다. 그리하여 36525일이 경과하는 동안 축적된 총 오차는 36525×0.00035=14초이어야 한다.

1세기 동안의 14초란 대단히 미소한 수이나, 충분히 천문학적 관찰과 계산의 정확도 범위에 드는 값이다. 실제로 지구 자

* Bernard Jaff , Michelson and the Speed of Light, S. S. S., 1960.

전의 이러한 지연의 자전은 오랜 천문학자들의 수수께끼 중 한 가지를 풀어준 셈이 된다. 실제로 항성에 대한 태양, 달, 수성, 금성들의 위치를 비교하면서, 천문학자들은 천체역학을 바탕으로 일 세기 전에 계산한 위치와 비교하면 체계적으로 시간에 앞서 있음을 알게 되었다(〈그림 16〉의 b). 만일 TV 프로그램이 시작하리라고 기대했던 시간보다 15분 일찍 시작하였다면, 만일 백화점에 문 닫힐 시간보다 15분 일찍 도착하였는데 이미 문이 닫혀 버렸다면, 또 만일 틀림없이 기차를 탈 수 있으리라 생각했던 시간에 정거장에 도착하였으나 그 기차를 놓쳐버렸다면, 방송국이나 상점 또는 역을 비난할 것이 아니라 차고 있는 내 시계에 잘못이 있음을 탓해야 할 것이다. 아마도 그 시계가 15분쯤 늦은 것일 게다. 마찬가지로 천체현상에서 시간을 측정함에 15초의 차이가 있음은 지구의 느려짐으로 인한 것이지 다른 천체들이 빨라지는 것이 아니다. 지구 자전의 지연을 알기 전까지는 천문학자들이 지구를 완전한 시계로 사용하였다. 이제는 좀 더 알게 되어 조석현상의 마찰에 의한 보정을 고려하고 있다.

금세기 초에 영국의 천문학자 조지 다윈(George Darwin)은 유명한 『종의 기원(Origin of Species)』 저자의 아들인데, 조석마찰에 의한 에너지의 손실이 지구-달계에 어떤 영향을 미치는가 하는 문제를 연구하였다.

다윈의 논의를 이해하기 위해서 우리는 물체 회전의 각운동량(Angular Momentum)이라 불리는 하나의 중요한 역학량을 알아야 한다. 한 고정축 AA′에서 거리 r되는 원주상을 속력 v로 회전하는 질량 m인 물체를 생각하자(〈그림 17〉의 a). 태양 주위

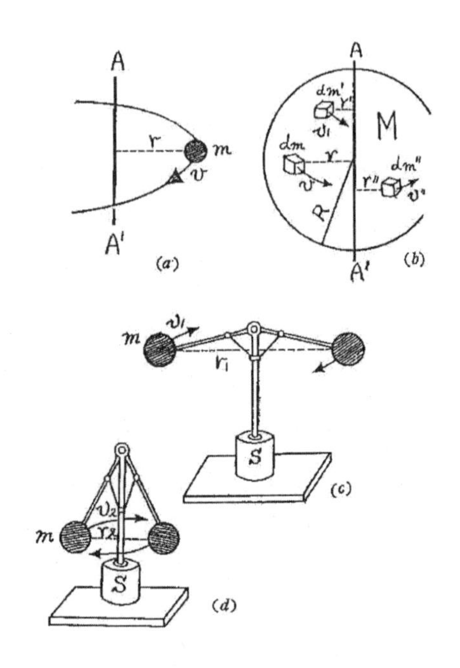

〈그림 17〉 (a) 공전 또는 자전하는 물체의 각운동량은 물체의 질량(m), 속도 (v), 그리고 회전축으로부터의 거리(r)를 곱한 것이다. (b) 자전하는 강체의 각운동량의 계산은 무한히 많은 미소한 부분의 dm, dm′, dm″ 등의 각운동량을 합함으로써 구할 수 있다. (c)와 (d)는 각운동량의 보전을 위한 속도의 변화를 밝힌다

를 도는 지구, 지구 주위를 도는 달, 또 끈에 돌을 매어 돌리는 경우가 이것에 해당될 수 있다. 각운동량 L은 물체의 질량, 그 속도, 그리고 축으로부터의 거리를 곱한 것으로 정의된다.

$$L=mvr$$

물체의 중심을 통과하는 축 주위를 도는 관성 바퀴나 지구와 같은 물체의 경우는 문제가 좀 더 복잡해진다(〈그림 17〉의 b). 먼저 경우에는 물체의 모든 부분이(물체의 크기가 궤도에 비해 대

단히 작은 한) 대략 같은 속력으로 운동한다. 그러나 중심축 주위를 도는 큰 물체의 각 부분은 서로 다른 속력을 갖는다. 회전축으로부터 먼 부분일수록 더 빨리 운동한다. 지구의 경우를 예로 들면 적도 부분은 북극이나 남극권 부분보다 훨씬 큰 속력으로 돌며 극점은 전혀 움직이지 않는다. 그러면 어떻게 그런 경우의 각운동량을 정의할 수 있는가? 그것을 구하는 방법은 물론 적분 해석을 이용하는 것이다.

물체의 전질량 m을 많은 수의 작은 질량 dm, dm′, dm″ 등으로 나누어 그 각각의 각운동량을 계산하면 된다. 그림에 표시된 세 부분은 축으로부터 거리가 r, r′, r″이고, 속력이 v, v′, v″인데, 이 속력은 물론 거리에 비례한다. 전체의 각운동량 L을 구하기 위해서는 다음과 같이 모든 부분의 각운동량을 적분해야 한다.

$$L = \int dm_i v_i r_i$$

여기에서 적분은 전부피에 걸친 것이다. 적분 해석을 이용하면 구의 각운동량은

$$L = \frac{2}{5} M v_R R$$

임을 알 수 있는데, 여기서 R은 회전체의 반경이고 v_R은 적도에 있는 점의 속도이며, M은 전질량이다.

뉴턴이 이끌어낸 고전역학의 한 기본법칙은 각운동량 보존의 법칙이다. 이 법칙의 내용은, 어떤 축의 주위에 회전하는 물체들계의 전 각운동량은 항상 일정해야 한다는 것이다.

저학년에서는 이 법칙의 시범을 〈그림 17〉의 아랫부분에 있

는 것과 같은 기구를 사용하여 행한다. 마찰이 매우 적은 소키트 S 위에서 회전할 수 있는 수직축의 위 부분에 붙은 두 지지대의 양끝에 각각 물체가 달려 있다. 그림에는 없지만 특별한 장치를 하여 마음대로 두 물체를 올리거나(〈그림 17〉의 c) 내릴 수 있다(〈그림 17〉의 d).

두 물체를 위로 올려놓고(c) 전체를 축 주위로 돌려 일정한 각운동량을 준다고 하자. 각 물체의 각운동량은 앞서 제시한 정의에 의하여 mv_1r_1과 같은데 여기서 v_1과 r_1은 〈그림 17〉의 (c)에 표시한 것과 같은 양이다. 돌리면서 그 물체들을 〈그림 17〉의 (d)와 같이 아래로 내려 축으로부터의 새로운 거리 r_2가 먼저 거리 r_1의 반이라 하자. mvr는 변하지 말아야 하므로 r이 1/2로 줄면, 속도 v는 두 배로 증가해야 한다. 즉 각운동량 보존법칙이 반경이 두 배로 줄면, 속력이 두 배로 커져야 한다는 것을 요청하고 있는 것으로, 실제로 $v_2=2v_1$임을 관찰할 수 있다.

이 원리는 곡예단이나 스케이트를 타는 사람들에 의하여 신기한 효과를 내는 목적에 사용된다. 이들은 밧줄이나 얼음 위에서 팔을 양쪽으로 뻗고 비교적 천천히 돌다 갑자기 두 팔을 몸 가까이 움츠림으로써 소용돌이치듯 빨리 돌게 한다.

다시 지구-달계로 되돌아가 생각해 보면, 각운동량의 보존법칙에 의해 조석 마찰로 인한 지구의 자전 속력의 감소는 지구 주위를 도는 달의 각운동량이 증가하는 결과를 초래한다고 결론을 지을 수 있다.

이 각운동량의 증가는 어떻게 달의 운동에 영향을 주는가? 달의 공전운동의 각운동량

$$L=mvr$$

인데, 여기서 m은 달의 질량, v는 그 속력, 그리고 r은 궤도 반경이다. 한편 뉴턴의 중력 법칙은 구심력의 식과 더불어,

$$\frac{GMm}{r^2}=\frac{mv^2}{r}$$

임을 알고 있는데, 여기서 M은 지구의 질량이다. 그리하여

$$\frac{GM}{r}=v^2$$

의 표현과 각운동량 L의 관계로부터

$$r=\frac{L^2}{GMm^2}$$

그리고

$$v=\frac{GMm}{L}$$

이 되는데, 이 유도 과정을 이해하기 어려우면 다음과 같은 결론만 알면 된다. 위 식이 뜻하는 바는 지구 주위를 운동하는 달의 각운동량 증가는 지구로부터의 거리를 증가시키고 선속력의 감소를 초래한다는 것이다.

지구 자전의 지연을 관찰한 것으로부터 달이 지구로부터 멀어지는 것이 매 회전마다 약 1㎝임을 계산으로 알 수 있다. 그렇기 때문에 매번 여러분이 만월이 되는 새 달을 볼 때마다 그것은 우리로부터 1㎝ 가량 더 멀어진 것을 보는 것이다. 매월 약 1㎝란 천문학적 거리로서는 너무나 적은 것으로, 지구-달계가 현재와 같이 되기에는 수십억 년이 걸렸을 것임에 틀림없다. 이러한 숫자를 종합하여 조지 다윈은 40~50억 년 전에는 지구와 달이 아주 가까이 있었음을 알았고, 그는 달과 지구가 한 때

는 하나의 단일체인 지월 또는 월지(Earthoon 또는 Moorth)였으리라는 것을 암시하였다. 곧 달과 지구가 두 부분으로 갈라진 것은 태양의 중력에 의한 기조력이나 아니면 오래 전에 사라졌지만 그 어떤 특이한 사건으로 인한 것이리라. 이러한 다윈의 주장은 달의 기원에 흥미를 가진 다른 과학자들 사이에 강경한 반대론을 제기시킨 가설이다. 어떤 과학자들은 이것을 열렬히 지지하는데 그 이유는 무엇보다도 그 이론이 아름답기 때문이라는 것이며 또 어떤 과학자들은 이것을 강경히 반대한다.

천체역학적 계산을 바탕으로 달의 앞날에 대하여 몇 마디 더 언급해 두기로 하자. 달은 지구로부터 점점 멀어져서 어느 때인가는 밤의 등불을 대신하여 환히 밝혀 주는 일을 못하게 될 것이다. 그러는 동안에 한편으로 태양에 의한 조석은 지구의 회전을 점점 느리게 하여(바다가 얼지 않는다고 가정하면), 하루의 길이가 지금의 한 달의 길이보다 더 길게 되는 때가 올 것이다. 그러면 달에 의한 조석 마찰은 지구의 회전을 가속시킬 것이고 〈각운동량 보존 법칙〉에 의하여 달은 지구로 되돌아오기 시작할 것이며 결국은 지구로부터 달이 생겼을 때와 같이 접근할 것이다. 아마도 이때에는 지구의 중력이 달을 수십억 개로 산산조각이 나게 하여, 목성과 같은 둥근 고리를 만들게 될 것이다. 그러나 이러한 사건이 벌어질 날은, 천체역학에 의하여 너무나 오랜 후이기 때문에 아마도 태양이 그의 모든 핵연료를 다 써 버리고 전 항성계는 어둠 속으로 파묻혀 버린 후가 될 것이다.

7장
천체역학의 승리

뉴턴의 만유인력 법칙과 미적분 해석의 형성으로 심어진 씨앗은 채 1세기도 되기 전에 아름다운 꽃과 알찬 열매를 거두었다. 프랑스의 위대한 수학자 라그랑주(Joseph Louis Lagrange, 1736~1813)와 라플라스(Pierre Simon Laplace, 1749~1827) 등에 의하여 천체역학은 일찍이 과학사상 성취하지 못한 문제를 명쾌하게 해결하였다. 행성들이 오직 태양의 중력에 의하여 운동한다면 완전하게 이해될 케플러의 법칙으로부터 시작하여, 행성 간의 상호 작용, 또는 섭동(Perturbation)까지도 고려한 상당히 복잡한 문제까지도 그 이론을 적용할 수 있게 되었다. 물론 행성들의 질량은 태양보다 훨씬 작으므로 상호 간의 중력 작용에 의한 섭동은 매우 작으나, 정확한 천문학적 측정에 비추어서 무시될 수 없는 것이다. 이러한 계산들은 어마어마한 시간과 노력이 드는 것이다. 오늘날 전자계산기의 의존하니깐 쉬운 문제가 됐지만, 예를 들면 미국의 천문학자 브라운(E. W. Brown)은 40여 년에 걸쳐 긴 급수의 수 1,000항을 계산하였는데 그 데이터를 전부 수록하여 〈달에 관한 수표〉라는 3권의 책자로 발간하였다.

그러나 이러한 지루하고 힘든 일은 때때로 매우 유용한 결과를 가져오기도 했다. 전 세기 중엽에 프랑스의 한 젊은 천문학자 르베리에(J. J Leverrier)는 1781년 허셜(William Herschel)에 의하여 우연히 발견된 천왕성의 운동에 관한 그의 계산과 발견이래 63년이 지난 당시의 그 행성의 관측된 장소를 비교함으로써 무엇인가 잘못된 것이 틀림없이 있음을 알아내었다. 이 관측과 계산 간의 차는 성가시게도 각도로 해서 20초나 되었다(이 각은 약 6㎞ 떨어져 있는 사람의 키에 해당하는 각이다). 이 차이는 관측이나 계산에 의해 가능한 오차보다 훨씬 큰 것이었다. 르베리에는 이 차가 천왕성 궤도 밖에서 운동하는 어떤 미지의 행성에 의한 섭동이라 추측하고, 이 가상적 행성의 질량이 얼마이어야 하고 운동 궤도가 어떠해야만 천왕성 운동의 편의를 설명할 수 있는가를 계산하였다. 1846년 가을에 르베리에는 베를린 관측소에 있는 갈레(J. G. Galle)에게 보낸 편지에서 "컵자리가 있는 황도상의 경도 326° 되는 점으로 망원경을 향하십시오. 그러면 그 근처 1° 내에서 원판으로 보일 9등성의 새로운 행성을 발견할 것입니다."라고 말하였다.

갈레는 그대로 실험을 행하였다. 그리하여 해왕성(Neptune)이라 불리는 새 행성을 1846년 9월 23일 밤에 발견하였다. 영국인 애덤스(J. C. Adams)는 르베리에와 같이 수학적 해석에 의한 해왕성 발견에 공이 있음을 똑같이 인정받고 있으나 케임브리지대학 관측소에 있었던 챌리스(T. Challis)는 애덤스로부터 계산 결과를 전해 들었음에도 불구하고 너무나 늦장을 부리다가 발견의 영예를 얻지 못했다.

이와 같은 이야기는 그렇게 극적이지는 않아도 20세기 초에 또 되풀이되었다. 하버드 관측소의 미국인 천문학자 피커링(W. H. Pickering)과 애리조나에 있는 로웰 관측소의 창시자 로웰(Percival Lowell)은 천왕성과 해왕성의 운동에 있어 보이는 섭동은 해왕성 밖에 또 다른 행성이 있음을 암시한다고 1920년경에 주장한 바 있다. 그러나 이 행성은 10년도 더 걸려서 로웰 관측소의 톰보(C. W. Tombaugh)에 의하여 1930년에 발견되었는데, 그것이 지금 명왕성(Pluto)이라 불리는 것이다. 이것은 해왕성의 위성이 달아난 것이 아닌가 추측되고 있다. 실제로 발견이 예언에 의한 것이라 할 것인지 고생스러운 체계적 관측에 의한 것이라 할 것인지에 대해 견해가 분분하였다.

천체역학의 문제가 정확히 이해되는 또 하나의 재미있는 예는 지구의 역사와 관련하여 일식과 월식의 일자를 계산하는 일이다. 1887년 오스트리아의 천문학자 폰 오폴처(Theodore von Oppolzer)는 기원전 1207년부터 시작하여 서기 2162년까지 모두 8,000번의 일식과 5,200번의 월식의 일자를 계산한 책을 발행하였다. 한 예로 이 자료집에 의하여 우리의 일력은 4년이 뒤늦은 것이라고 한다. 실제로 역사적 기록에 의하면 달이 유대의 왕 헤롯(Herod)의 〔죽음을 한탄〕 하느라 월식이 되었다는 이야기가 있다. 헤롯은 그의 즉위 마지막 해에 어린 예수 그리스도를 죽이기 위하여 베들레헴의 모든 어린이를 죽이도록 명령하였다. 폰 오폴처의 계산표에 의하면 그 사실들과 들어맞는 월식은 오로지 기원전 3년 3월 13일(금요일?)에 일어난 것뿐이며, 이것은 예수 그리스도가 보통 우리가 쓰고 있는 일력보다 4년 전에 탄생하였다는 결론에 도달하게 한다.

역사적으로 중요한 일식 월식의 또 다른 예는 기원전 648년 4월 6일의 것으로 이것은 그리스 연대기의 가장 오랜 날짜를 확실하게 고정시켜 주고, 기원전 911년의 것은 고대 앗시리아의 연대를 밝혀 주고 있다.

지구에 사는 우리로서 특히 흥미로운 것은 다른 행성에 의한

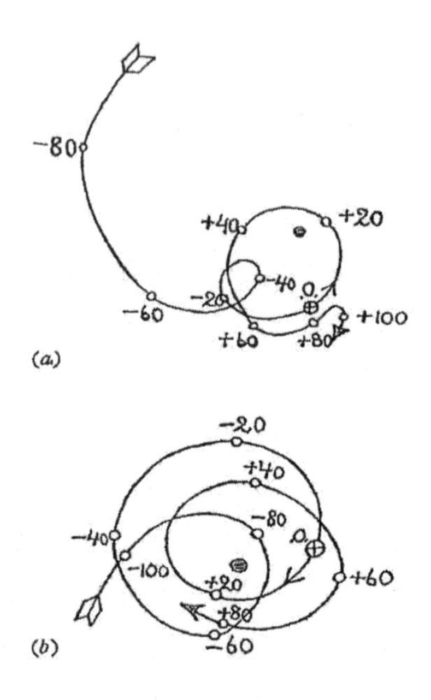

〈그림 18〉 행성들의 섭동 영향으로 인한 지구 궤도의 이심율(a)과 궤도면의 경각의 변화(b)

지구 운동의 섭동을 계산하는 것이다. 태양 주위를 회전하는 지구의 타원 궤도는 지구만이 단 하나의 행성인 것과 같은 불변의 궤도가 아니라, 다른 행성들의 중력으로 조금씩 비틀거리고 끄덕이고 있다. 5장에서 밝힌 바와 같이 달과 태양에 의한 지구의 세차운동은 지축 25800년을 주기로 원뿔 표면에 나타나는 운동을 하게 한다. 거기에다가 지구의 타원운동 궤도는 그 이심율이 천천히 변하고 있으며 태양계의 다른 행성들이 작용하는 중력으로 인해 기울기도 조금씩 변하고 있다. 이 변화의 결과도 천체역학의 방법으로 아주 정확하게 계산될 수 있다. 〈그림 18〉은 과거 10만 년간과 미래의 10만 년간의 변화를 표시해 준다. 이 그림의 윗부분은 지구 궤도의 이심율과 그 장축회전의 변화를 나타내고 있다. 지구의 궤도는 타원이기는 하지만, 원에 가까운 타원이기 때문에 그 초점이 타원의 기하학적인 중심에서 멀지 않다. 그림에 있어서 이동하는 흰 점은 큰 검은 점으로 표시된 궤도 중심에 대한 초점의 변동을 나타낸다. 두 점이 서로 멀리 떨어져 있을 때는 궤도의 이심율이 크고 가까이 있을 때는 이심율이 작은 경우이며 두 점이 합치한다면 타원이 원이 되는 경우이다. 축소한 이 그림의 크기에 해당하는 궤도의 지름은 약 30인치 가량 된다.

그림의 아랫부분은 고정된 평면에 대한 궤도면의 기울기가 어떻게 변하는가를 나타내고 있다. 여기에 점을 찍어 놓은 것은 지구 궤도면의 수직선이 항성의 구면과 교차하는 점의 변동이다.

8만 년 전에는 지구 궤도의 이심률이 꽤 큰 것에 비해 지금(열십자를 그은 흰 점)은 상당히 작고 2만 년 후에는 더 작아짐을 우리는 알 수 있다.

지구 궤도의 변화들은 우리 지구의 기후에 지대한 영향을 미친다. 이심률의 증가는 태양으로부터 지구까지의 최단거리와 최장거리 간의 비를 변화시키는데 이로 인해 여름과 겨울 사이의 기온 차를 증가시킨다. 지구 궤도면에 대한 지축의 기울음이 증가하면 역시 여름과 겨울 간의 기온 차를 증가시킨다. 만일 지축의 회전이 궤도면에 수직으로 있다면 지상의 기온은 일 년 내내 일정할 것이 분명하다. 세르비아의 천문학자 밀란코비치(M. Milankovitch)는 1938년에 이 차이를 이용하여 북쪽으로부터 얼음이 주기적으로 중간 위도의 낮은 지역을 내려 덮었다

물러갔다 하던 빙하기를 설명하려 하였다. 밀란코비치는 〈그림 18〉에 제시한 것과 같은 르베리에의 계산을 60만 년 전까지 소급하였다. 밀란코비치는 현재 하기 중의 북위 65지점의 단위 면적당 태양열의 양을 기준으로 하여 과거에 이와 같은 열량을 받은 곳이 북쪽 또는 남쪽으로 얼마나 먼 곳이었는가를 계산하였다. 이 계산의 결과가 〈그림 19〉의 ⓐ에 나와 있는데 이것은 유라시아 북쪽 해안선 그림에 겹쳐서 그린 것이다. 최고는 태양열의 감소를 뜻하는 반면 최소는 그 증가를 표시한다. 따라서 예를 들면 10만 년 조금 전에는 북위 65지점(노르웨이 중심)에 도달하던 역량은 지금 스피츠베르겐(Spitzbergen)에 도달하는 양과 비슷하다. 그러나 만 년 전에 노르웨이 중부 지방은 오늘날 오슬로나 스톡홀름과 같은 온화한 기후를 가졌었다. 〈그림 19〉의 ⓑ 곡선은 지질학적 연대로 빙하의 남하를 표시하는데 두 곡선 간의 일치가 아주 놀라운 것을 보게 된다.

〈그림 19〉의 ⓒ 곡선은 지나간 10만 년간의 바닷물의 온도를 나타낸 것인데, 캘리포니아대학의 한스 수에스(Hans Suess)가 1956년에 발표한 것으로서 이것은 1951년에 유명한 미국의 과학자 해럴드 유리(Harold Urey)에 의하여 제안된 교묘한 방법에 따라 추정된 지난 지질 시대 동안의 바닷물의 온도를 나타내고 있다. 이 방법의 기초가 되는 것은 바다 밑에 퇴적된 탄산칼슘($CaCO_3$)의 산소 중 무거운 동위 원소와 가벼운 것(O^{18}과 O^{16})의 비가 퇴적시의 바닷물 온도에 따라 달라진다는 사실이다. 이로써 바다 밑에 층층으로 쌓인 퇴적물 속의 O^{18}/O^{16} 비를 측정함으로써 10만 년 전의 바닷물 온도를 말할 수 있는데, 이것은 배에서 온도계를 바닷속에 넣어서 그 깊이에 따른

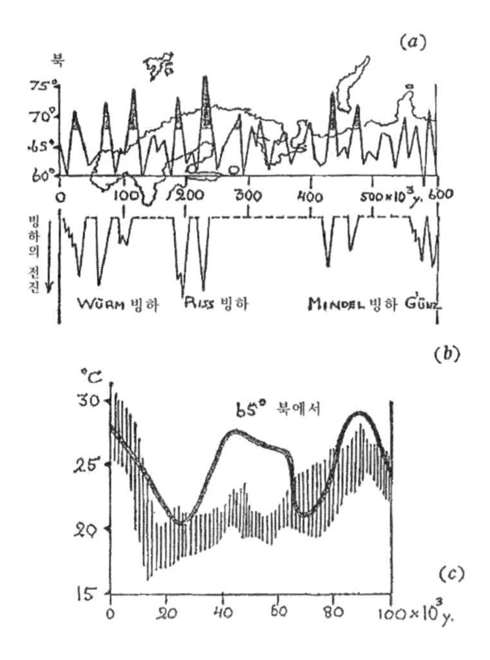

〈그림 19〉 빙하의 이동 역사(b) 및 바다의 온도 변화(c)와
밀란코비치의 기후 곡선과의 비교(a)

온도를 측정하는 것과 같은 정도로 확실성이 있는 것이다. 수에스의 과거 10만 년간의 바닷물 온도 곡선은 밀란코비치의 계산에 의한 곡선과 거의 일치한다. '불과 몇 도의 차이가 빙기를 형성하지는 못했을 것'이라고 주장하는 일부 기후학자들의 반대가 있지만, 아무튼 이미 연로한 세르비아인 밀란코비치는 옳았던 것 같다. 비록 점성가들이 주장하는 것과 같이 행성들이 개개인의 일생에 영향을 준다고는 못해도 지질학적인 오랜 역사를 통해 보면 인간과 동물과 식물의 생활에 별들이 깊은 영향을 미친다고 결론짓지 않을 수 없다.

8장
중력으로부터의 탈출

'올라간 것은 무엇이나 마땅히 떨어져야 한다'는 오래 된 옛날이야기가 이제는 더 이상 전설이 될 수 없게 되었다. 근래에 지구에서 쏘아올린 로켓 중 어느 것은 끝없이 회전하는 인공위성이 되고 어떤 것은 넓은 우주 공간 속으로 영원히 잃어버리게 되었다. 4장에서 설명한 중력 퍼텐셜의 개념을 사용하면 다시는 지상에 돌아오지 못하게 내던져야 할 속도를 쉽게 계산할 수 있다. 질량 m인 물체를 지표면으로부터 중심에서 거리 R 되는 거리로 끌어올리는 데 해야 할 일은 다음과 같다.

$$GMm\left(\frac{1}{R_0}-\frac{1}{R}\right)$$

여기서 G는 만유인력 상수, M은 지구의 질량, m은 물체의 질량, R_0는 지구의 반경이다. 만일 그 물체를 되돌아 올 수 없게 하자면 R=∞(무한대), 즉 $\frac{1}{R}$이 되게 해야 한다. 이 경우에 해주어야 할 일은 다음과 같다.

$$\frac{GMm}{R_0}$$

한편 속도 v로 운동하는 질량 m인 물체의 운동 에너지는 다음과 같다.

$$\frac{1}{2}mv^2$$

그리하여 지구 중력에 묶여 있는 것을 벗어나서 영원히 달아날 수 있는 것은 다음 조건이 만족하는 경우이다.

$$\frac{1}{2}mv^2 \geq \frac{GMm}{R_0}$$

여기서 사용한 기호 ≥의 의미는 〈같거나〉 아니면 〈보다 큰〉 것을 뜻한다. 식의 양변에서 m이 상쇄되기 때문에 한 물체를 지구 중력권 밖으로 내던지기 위해서는 가벼운 것이나 무거운 것이나를 막론하고 똑같은 속력이 필요하다는 결론을 얻을 수 있다.

위 식으로부터

$$v \geq \sqrt{\frac{2GM}{R_0}}$$

여기서 $R_0=6.37\times10^8$㎝ ; $M=6.97\times10^{27}$gm ; 그리고 $G=6.66\times10^{27}$인 값을 넣으면 속도 v=11.2㎞/초=25,000마일/시를 얻는다. 이것이 이른바 탈출 속도(Escape Velocity)라 불리는 것으로 한 물체가 다시 되돌아오지 못하게 할 최소의 속도인 것이다.

그러나 지구 주위에 대기가 있어서 문제는 대단히 복잡하다. 만일 프랑스의 공상과학 소설가 쥘 베른(Jules Verne)의 『달에의 여행(The Journey around the Moon)』에 서술된 바와 같이 지면에서 대포로 포사체를 필요한 탈출 속도로 쏘았다고 해도 포탄은 결코 목적하는 곳에 도달하지 못한다. 베른의 서술과는 달리 그러한 포사체는 공기에 의한 마찰열로 인하여 곧 녹아 뭉개져버릴 것이고 부서진 조각들은 처음에 얻은 에너지를 모두 잃으면서 떨어져 버릴 것이다. 여기에 로켓이 대포보다 유리한 점이 있다. 로켓은 발사대를 천천히 출발하여 올라가면서 점차 속도를 얻는다. 마찰열이 대단하지 않을 정도의 속도로

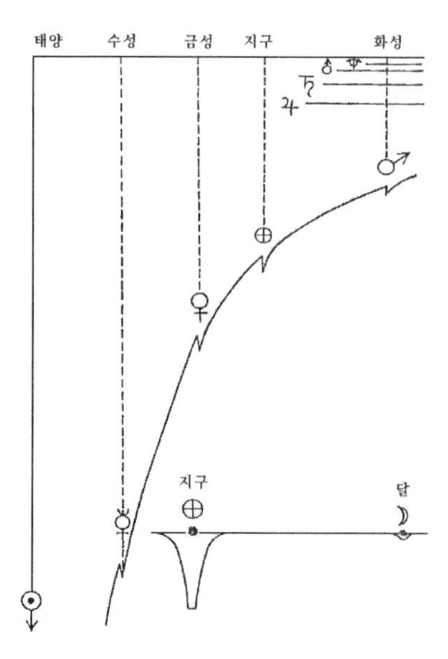

〈그림 20〉 태양 근처에 있어서의 중력 퍼텐셜의 기울기와 오른쪽 밑에는 지구와 달 주위의 중력 퍼텐셜이 그려져 있다

짙은 지구 대기층을 통과한 후 공기가 희박하여 마찰이 비행에 거의 영향을 미치지 않는 높이에서 비로소 충분한 속력을 내게 된다. 물론 로켓의 비행 초기에 있어서의 공기 마찰은 에너지의 손실을 초래하지만 그것은 비교적 적다.

이제 우리는 로켓이 지구의 대기권을 통과하고 그 추진 연료를 모두 써버린 다음 우주 공간의 여행을 시작하면 어떤 일이 생기는지를 조사할 수 있다. 〈그림 20〉에 태양계 중 안쪽에 있는 행성(수성, 금성, 지구, 화성)들의 중력 퍼텐셜이 그래프로 나타나 있다. 기울기는 대체로 태양의 인력에 의한 것으로 그려져 있는데, 그 값은 $\frac{GM^0}{r}$으로, 여기서 M^0은 태양의 질량이고 r은 태양으로부터 로켓까지의 거리이다. 이 대체적인 기울기에 개개 행성들 간의 인력으로 인해 지역적 〈중력 경하(Gravitational Dips)〉가 겹쳐 있다. 경하의 깊이는 옳은 크기로 그려져 있으나 넓이는 대단히 확대되어 있다. 그 이유는 그렇게 과장하여 그리지 않으면 거의 없는 것 같이 보이기 때문이다. 그림의 오른쪽 밑에는 지구와 달 사이의 중력 퍼텐셜의 분포가 아주 확대되어 그려져 있다. 그런데 지구와 달 사이의 거리가 지구와 태양 사이보다 훨씬 짧기 때문에 이 지역에 있어서의 태양의 중력 퍼텐셜의 변화는 실제적으로 무시할 수 있는 정도이다. 로켓을 달에 보내려면 오로지 지구에 의한 중력만 이겨내면 되고 적당한 시간 동안에 그 거리에 도달할 수 있는 속도로 출발하면 충분하다. 1959년 10월에 러시아의 로켓 전문가들은 이 업적을 성취하여 달의 뒷면 촬영에 성공하였다. 〈그림 21〉은 루니크(Lunik)라 불리는 로켓의 궤도를 표시해 주는 것으로 달에 갔다 되돌아오는 길을 나타내 주고 있다.

다른 행성을 목표로 발사되는 로켓은 지구의 중력뿐만 아니라 태양의 인력권을 벗어나야 한다. 로켓이 겨우 지구의 중력권을 벗어난 정도의 속도로 발사되면 태양으로부터 그리 멀어지지도 않고 가까워지지도 못하는 지구의 궤도 근처에 묶이게 된다. 로켓이 지구 궤도로부터 벗어나기 위해서는 태양의 중력곡선의 기울기(경사)를 오를만한 충분한 속도를 가져야 한다. 〈그림 20〉에서 볼 수 있는 바와 같이 화성 궤도에 도달하기 위하여 올라야 할 높이는 지구의 중력권 높이보다 6.5배나 된다. 운동 에너지는 속도의 제곱에 비례하므로 적어도,

$$11.2 \times \sqrt{6.5} = 28(\text{㎞/초})$$

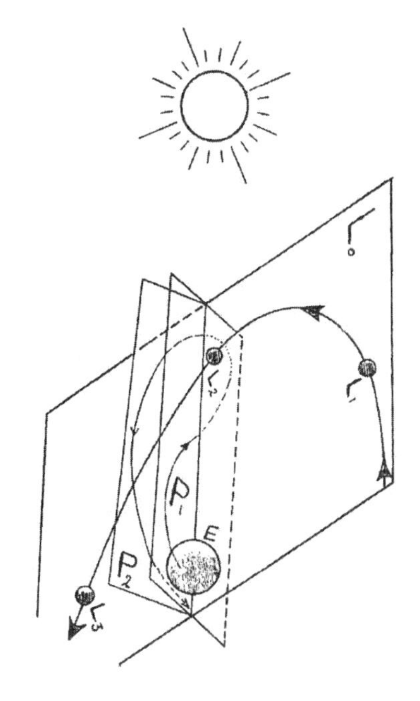

〈그림 21〉 달 주위를 날은 첫 로켓의 궤도

정도의 속도를 가진 로켓이라야 화성에 갈 수 있다.

그런데 (그래프 위에서) 어째서 화성에 가느라고 오르는 대신 금성으로 내려가는 쉬운 일을 하지 않는가? 묘하게도 기울기를 따라 올라가는 것만큼 기울기를 따라 내려가는 여행도 역시 어렵다. 다시 설명하면 그 요점은 다음과 같다. 로켓이 지구의 중력권을 벗어나도 역시 지구 궤도에 얽매이게 되는데, 이것을 벗어나 태양으로부터 멀리 가려면 속력이 아주 높아야 하므로 많은 연료가 필요하게 된다. 그러나 태양 가까이에 가는 것도 결코 쉽지 않다! 공간을 비행하는 로켓은 자동차와는 달리 속력을 줄이기 위하여 제동기만 밟으면 감속되는 것이 아니다.

로켓이 감속되는 것은 오로지 전력으로 고온의 기체를 많이 내뿜어야만, 즉 강력한 전면 분사를 통해서만 가능한데, 이것은 가속시키기 위하여 뒤로 분사시키는 데 드는 연료만큼 필요한 것이다. 그러나 금성의 궤도는 화성보다 지구에서 가깝기 때문에 조금은 더 쉽다. 실제로 중력 퍼텐셜의 차가 지구의 중력 경하보다 다섯 배 정도가 크다. 1961년 2월 12일에 러시아의 로켓 전문가들은 금성에 로켓을 발사하였는데 그것은 영원히 되돌아오지 않았다.

지금까지 쏘아 올린 로켓은 모두 보통 화학연료에 의하여 추진되고 〈그림 22〉의 ⓐ와 같이 다단계 원리에 기초를 두어 왔다. 여러 개의 로켓은 크기 순으로 층층이 쌓여 거대한 로켓을 형성하게 되는데, 이것이 발사되면 제일 밑의 가장 큰 첫 단계 기관이 작동한다. 이로써 최대의 작동 속력을 내고 첫 단계의 연료통이 비게 되면 분리해 버리고 둘째 단계의 로켓이 작동되게 한다. 이러한 과정이 마지막 단계까지 계속되어 기구, 생쥐, 원숭이 또는 사람 등이 필요한 속도를 얻도록 가속되게 하는 것이다.

오늘날 집중적으로 연구되고 있는 또 다른 방법의 가능성은 핵에너지의 사용이다. 무엇보다도 주의해야 할 점은 우주선의 추진은 물 위의 배나 공기 속의 비행기 추진과 전혀 다르다는 점이다. 배나 비행기에 있어서 필요한 것은 에너지뿐이다. 왜냐하면 이것들은 물이나 공기와 같은 주의매체를 떠밀어냄으로써 전진하기 때문이다. 그러나 우주선은 진공을 떠밀 수 없고 따라서 우주선이 지니고 있는 어떤 물체를 분사구를 통하여 발사함으로써만 추진된다. 보통 화학연료 로켓에 있어서 우리는 '하나

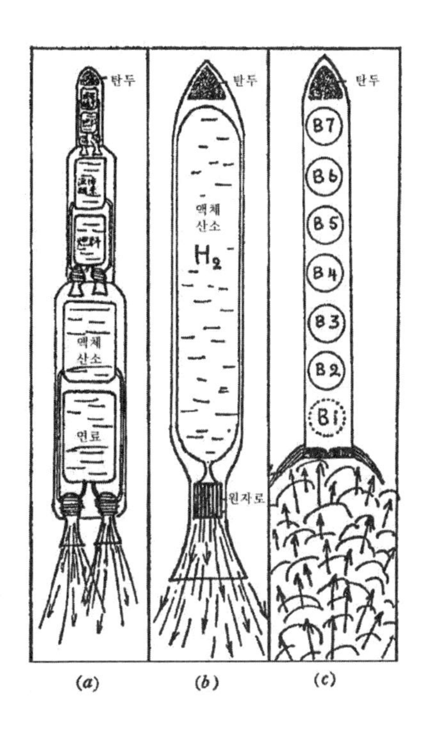

〈그림22〉 (a) 다단계 화학연료 로켓, (b) 보통의 핵에너지 로켓,
(c) 특수 핵에너지 로켓

속에서 두 가지 일'을 해야 하는 문제에 부딪치게 된다. 분리된 두 통에 각각 따로 운반된 연료와 산화제 간의 화학작용으로 에너지가 발생되고, 또 이때의 산물들은 분사구를 통하여 발사되는 분출 물질의 역할을 한다. 에너지를 발생시키는 과정의 산물이 분출물로 사용되는 이점은 연료 산물(대부분 탄산가스와 수증기)들이 비교적 무거운 분자로 돼 있다는 불이점으로 상쇄되고 만다. 분사에 의한 추진력은 분출물의 분자가 무거울수록 감소된다는 것이 로켓 이론에서 밝혀진 바다. 그렇기 때문에 분출

물로서 가장 가벼운 원소인 수소를 사용하는 것이 유리하다. 그러나 원소의 하나인 수소는 어떤 종류의 원소를 통해서도 산출될 수 없다. 그렇지만 할 수 있는 방법은 한 통에 액체수소를 운반하고 어떤 종류의 원자로도 고온이 되게 가열하는 것이다. 그러한 핵력 로켓의 구상도가 〈그림22〉의 ⒝에 있다.

핵력을 이용한 로켓 추진의 또 한 가지 전망이 밝은 구상은 로스앨러보스 과학연구소의 울럼(Stanislaw Ulam) 박사가 처음으로 고안한 것으로 그것은 〈그림 22〉의 ⒞에 나와 있다. 로켓은 여러 개의 작은 원자폭탄으로 채워져 있는데 이것들이 하나씩 차례로 뒤로 분출되어서 로켓과 조금 떨어진 뒷공간에서 폭발하게 한 것이다. 이 폭발로부터 발생하는 고속의 기체가 로켓 뒤에 달린 큰 판에 압력을 가하게 하여 로켓을 추진시킨다. 이러한 충격이 계속됨으로써 로켓이 필요한 속도를 얻도록 하는 것이다. 이러한 추진 방법의 예비적 연구 결과는 수소를 원자로로 가열하는 방법보다 우수하다는 것을 보여 주고 있다.

우주여행의 발전과 전망에 대한 포괄적 논의를 전문서적이 아닌 이 책에서 모두 서술한다는 것은 어려운 일이다. 다만 이 장을 끝내기 전에 끝으로 한 가지 중요한 점만 강조해 두겠다. 태양계의 먼 곳이나 태양계 밖으로 우주선을 보냄에 있어서 우리가 당면하는 문제는 다음 두 가지 점이다. 첫째, 지구 중력에 의한 인력권을 어떻게 벗어나는가? 둘째, 벗어난 다음 목적하는 곳을 여행하기 위하여 필요한 충분한 속도를 어떻게 얻는가? 지금까지의 모든 시도는 지구의 중력권을 벗어나 다른 곳에 갈 수 있는 충분한 초속도를 얻는 일에 한정되어 미미한 발전 단계에 머물러 있다. 그러나 우리는 이 두 과제를 분리시킬 수 있고 첫 번째와 두 번째 단계에 서로 다른 추진 방법을 사용할 수 있다.

지면으로부터의 탈출은 격렬한 활동이 필요한데, 만일 로켓 기관의 추진력이 강력하지 못하면 로켓은 발사대를 떠나지 못하고 말 것이다. 이때에 강력한 화학적 또는 핵력 추진 방법이 필요하다. 일단 우주선이 발사되어 지구 주위의 위성 궤도에 올려지면 사태는 이제 달라진다. 거기서는 우주선을 가속시킬 충분한 시간이 있고 격렬하지 않게 그리고 보다 경제적인 추진 방법을 사용할 수 있다. 여전히 화학적이거나 핵력 에너지가 쓰일 수도 있으나 태양에너지의 사용 가능성도 있는데, 다행인 것은 조급하게 서두를 필요가 없다는 것과 어디로인가 낙하할 위험이 없다는 점이다. 지구 주위의 궤도에 올려진 위성은 가속 비행을 위한 시간의 여유를 가질 수 있으며, 천천히 나선행 궤도로부터 풀려 드디어 목적하는 과업을 수행하기에 필요한 충분한 속력을 낼 수 있게 된다. 지구 출발시의 매우 격렬한 추진과 그 후에 남은 여행을 여유 있게 비행하는 두 단계의 결합이 우주여행 문제의 해결이 아닌가 생각된다.

9장
아인슈타인의 중력론*

천체의 운동을 상세하게 서술함에 있어 뉴턴의 이론이 성공적이었음은 물리학과 천문학의 역사상 획기적인 일로 기억할만한 사실이다. 그럼에도 불구하고 중력에 의한 상호 작용의 본성과 특별히 모든 물체를 같은 가속도로 떨어지게 하는 중력 질량과 관성 질량 간의 비례성의 이유는 아인슈타인이 1914년 이에 관한 논문을 발표할 때까지 완전히 미지의 세계에 잠겨 있었다. 이보다 10여 년 앞서 아인슈타인은 그의 〈특수상대론(Special Theory of Relativity)〉을 정식화하였는데, 그 이론에서 가정하기를 아무리 특수하게 정밀한 물리학 실험실로 꾸며진 방이라도 폐쇄된 방에서의 관찰은 그 방이 정지해 있는지 일정한 속도로 직선운동을 하는지 알 수 없을 것이라고 하였다. 이것을 기초로 아인슈타인은 절대적인 일양한 원동의 생각을 거부하고 〈세계에 꽉찬 에터(World Ether)〉라는 옛날의 모순된 개념을 버리고 상대론을 세움으로써 물리학의 혁명을 이룩하였다. 실제로 역학적이거나 광학적인 어떠한 물리적 측정으로도 잔잔한 바다 위를 항해하는 배의 선실 속에서나(지금 이 장을 나는 퀸 일리저베드호에서 쓰고 있다) 평온한 공기 속을 나는 비행기 속에서 창문의 커튼을 쳐 놓으면, 배가 항해 중인지 정박해 있는지 또는 비행기가 날고 있는지 비행장에 있는지에 대하여

* 본 장과 다음 장의 내용은 1961년 3월호 〈Scientific American〉에 게재한 저자의 글 “Gravity”와 거의 비슷한 것이다.

〈그림 23〉 상상적인 사고 실험적(Gedankenexperimental)인 로켓 속에서의 아인슈타인

우리는 어떠한 결론도 내릴 수가 없다. 그러나 바다에 풍파가 일어나 대기가 고르지 못하거나 배가 빙산에 부딪치거나 비행기가 산봉우리와 충돌하면 사태는 전혀 달라진다. 한결 같은 일정한 운동으로부터의 변동은 금세 알아차릴 수 있게 된다.

이 문제를 연구하기 위해서, 아인슈타인은 그 자신이 현대의 우주 비행사와 같이 먼 우주 비행길에 있다고 상상하고 큰 중력질량들로부터 멀리 떨어져 있는 우주 공간 내의 관측소에서 여러 물리적 실험의 결과가 어떨 것인가를 고찰하였다(그림 23). 먼 거리에 있는 별에 대하여 정지해 있거나 일정한 속도로 운동하는 관측소에서는 그 속에 있는 관측자나 벽에 매어두지 않는 기구들은 모두 자유롭게 방 안에 떠 있을 것이다. 그곳에는 '위'도 없고 '아래'도 없을 것이다. 그러나 로켓 기관이 작동되어 어떤 방향으로 가속되면 중력이 존재하는 것과 같은 현상이 관찰될 것이다. 모든 기구들과 사람들은 한쪽 벽으로 쏠리게 될 것인데 이때 쏠리는 벽 쪽이 '마루'가 될 것이고 그 반대편 벽이 '천장'이 될 것이다. 사람들은 땅 위에서 있는 것과 같이 발을 딛고 설 수 있을 것이다. 만일 우주선의 가속도를 지면의 중력 가속도와 같게 하였다면 우주선 내의 사람은 아직도 자기의 우주선이 지상의 발사대에 있는 것처럼 생각하게 될 것이다.

이 〈응중력(Pseudo Gravity)〉의 성질을 조사하기 위하여 가속된 로켓 속에서 하나는 쇠이고 또 하나는 나무인 두 구(球)를 동시에 놓았다고 하자. 〈실제로〉 일어나는 현상을 다음과 같이 서술할 수 있을 것이다. 관찰자가 두 구를 손에 들고 있는 동안 그 구들은 로켓과 같은 방향으로 가속운동을 하고 있을 것이나 손에서 놓으면 로켓과 끊어져서 어떠한 추진력도 작용하지 않게 되어 두 구를 놓는 순간 우주선과 반대 방향이나 같은 속력으로 나란히 운동할 것이다. 로켓은 계속 가속되어 우주선의 '마룻바닥'은 두 구에 접근하다가 드디어는 동시에 부딪치게 될 것이다. 그리하여 관찰자는 피사의 탑에서의 갈릴레오의 실험을 기억할 것이며 일양한 중력장이 그의 우주 비행 실험실에 존재함을 확신하게 될 것이다.

두 구에 대한 두 가지 서술은 똑같이 옳다. 아인슈타인은 두 관점을 그의 새로운 중력의 상대론에서 통합시켰던 것이다. 가속된 우주선 내에서와 실제의 중력장에서의 관찰 간에 성립하는 등가원리(Principle of Equvqlence)가 역학현상에만 적용된다면 별로 대수롭지 않을 것이다. 이 등가가 일반적인 원리로 광학과 모든 전자기현상에서도 성립한다는 것이 아인슈타인의 생각이었던 것이다.

우주선의 한 벽으로부터 다른 벽으로 전파되는 광선에 어떤 일이 일어날 것인가 생각해 보자. 벽 사이에 형광유리판들을 몇 개 세워 놓든가 아니면 간단하게 담배 연기를 뿜어 놓으면 광선을 관찰할 수 있다. 〈그림 24〉가 보여 주는 것은 같은 간격으로 놓인 유리판을 광선이 통과할 때 어떤 현상이 '실제로' 일어나는가 하는 것이다. (A)에서는 광선이 첫 번째 유리판 위에 부딪쳐 형광을 내는 것이고, (B)에서는 광선이 두 번째 유리판에 도달하여 유리판 중간쯤에 형광을 내며, (C)에서는 광선이 세 번째 유리판 아래 부분에 부딪친 것을 보여 준다. 로켓의 운동이 가속적이기 때문에 두 번째 시간 간격 동안에 운동한 거리는 첫 번째 시간 간격 동안보다 세 배나 되어 형광을 내는 세 점은 직선상에 있지 않고 밑으로 굽은 곡선상에 있다. 그가 관찰하는 모든 현상이 중력으로 인한 것이라고 생각하는 우주선 내의 관찰자는 그의 실험으로부터 광선은 중력장을 통과할 때 굽는다고 결론지을 것이다. 그리하여 아인슈타인은 만일 등가원리가 물리학의 한 일반 원리라면 먼 한성으로부터의 광선은 태양 표면을 가까이 통과하여 지구의 관측자에 도달할 때 굽을 것임에 틀림없다고 결론을 내렸다. 그의 결론은 1919년에 있었던 일식 때 멋있게 확인되었다. 아프리카로 간 영국의 천문학자들은 일식 중 태양 근처에 있는 별들의 겉보기 위치의

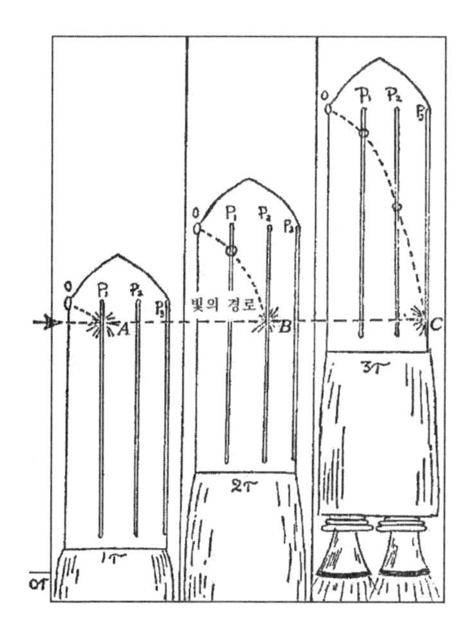

〈그림 24〉 가속되는 로켓 속에서의 빛의 전파

변위를 관측하였던 것이다. 이리하여 중력장과 가속계의 등가는 물리학의 확고한 사실로 되었다.

이제 가속운동의 또 하나의 다른 형태와 그의 중력장에 대한 관계를 살펴보자. 지금까지 논의한 것은 속도에 있어서의 방향의 변화가 아니라 크기가 변하는 경우에 해당하는 것이었다. 그러나 속도의 변화에 있어서 그 크기는 불변이고 방향만 변하는 운동 형태가 있는데, 그것은 회전운동이다. 주위에 커튼을 쳐서, 보는 것만으로는 돌고 있는지 아닌지를 알 수 없게 한 회전목마(Merry-Go-Round)를 생각하자. 누구나 아는 바와 같이 회전판 위에 서 있는 사람은 원심력을 받는 것처럼, 즉 가장자리로 밀리게 됨을 느낄 것이고, 회전판 위에 놓여 있는 공은 중심으로부터 멀리 굴러나갈 것이다. 회전판 위에 있는 모든 물체에 작용하는 원심력은 그 물체의 질량에 비례하므로, 여기서 다시 중력장과의 등가를 고찰할 수 있다. 그러나 이것은 대단히 특이한 중력장으로 지구나 태양 주위의 장과는 다르다. 첫째로 중심으로부터의 거리의 제곱에 반비례하여 감소하는 인력이 아니라 거리에 비례하여 증가하는 반발력이 작용하는 경우이고, 둘째로는 구면 대칭이 아니라 회전축 주위의 원주 대칭이다. 그러나 아인슈타인의 등가원리는 여기서도 성립하고 그러한 힘들은 대칭축 주위로 멀리까지 넓게 분포되어 있는 중력 작용 질량(Gravitating Masses)들에 기인한다고 해석될 수 있다.

그러한 회전판 위에서 벌어지는 물리적 현상은 아인슈타인의 특수상대론으로 설명할 수 있다. 이 이론에 의하면 측정하는 자의 길이와 시계의 시간 간격이 그들의 운동으로 영향을 받는다는 것이다. 그 이론의 두 가지 중요 결론은 다음과 같다.

1. 만일 어떤 속도 v로 한 물체가 우리 앞을 통과하면 그것은 운동하는 방향으로

$$\sqrt{1-\frac{v^2}{c^2}}$$

의 배만큼 길이가 축소된 것으로 보일 것이다. 여기서 c는 광속도이다. 보통 속력은 광속에 비해 대단히 작기 때문에 이 인자가 실제로 거의 1에 가깝고 따라서 현저하게 축소됨은 관찰되지 않는다. 그러나 v가 c에 가까워지면 그 효과는 대단히 커

서 중요해진다.

2. 만일 한 시계가 속도 v로 우리 앞을 통과하는 것을 관찰한다면 그것은 시간을 잃는 것 같을 것이고, 시간 간격이

$$\frac{1}{\sqrt{1-\frac{v^2}{c^2}}}$$

의 배만큼 늦어질 것이다. 길이 축소의 경우와 같이 이 효과가 현저하게 관찰되는 것은 속도 v가 광속에 가까울 경우이다.

이 두 효과를 염두에 두고 회전판 위에서 벌어지는 여러 관찰 결과를 고찰해 보자. 회전판 위의 두 다른 점 간에 광선이 전파되는 법칙을 찾으려 한다고 하자. 회전판 가의 두 점 A와 B를 택하여(〈그림 25〉의 a) 하나는 광원기라 부르고 또 하나는 검광기라 부르자. 빛의 기본 법칙에 의하면 빛은 항상 가장 짧은 경로를 따라 전파된다. 그런데 회전판 위의 두 점 A와 B 간의 최단거리는 무엇인가? A와 B를 잇는 임의의 선의 길이를 측정하기 위해서는 전통적인 방법이기는 하나 항상 안전한 방법인 A와 B 간의 선을 따라 자막대들을 늘어놓고 그 수를 세는 것이다. 만일 판이 돌지 않으면 문제는 명백한 것으로 A, B 간의 최단거리는 오래된 유클리드 기하학의 직선이다. 그러나 회전하고 있는 경우에는 AB선에 따라 놓은 자막대가 어떤 일정한 속도로 운동하고 있기 때문에 그 자막대 길이의 상대론적 축소현상이 기대되는 것이다. 그렇게 되면 그 거리를 메꿀 자막대의 수가 더 많아진다. 여기에서 아주 흥미 있는 사태가 벌어진다. 만일 자막대를 중심 가까이로 이동시키면, 그 선 속도

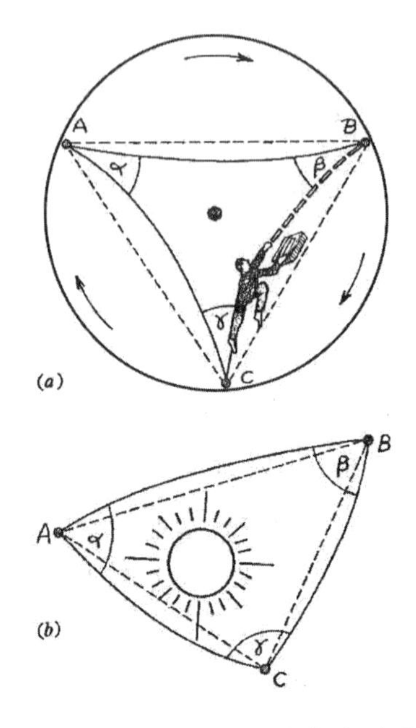

〈그림 25〉 (a) 회전판 위에서의 몇 가지 실험
(b) 태양 주위의 삼각형

는 작아져서 바깥쪽에 있을 때보다 덜 축소된다. 그리하여 중심 쪽으로 굽힌 선을 따라 거리를 재면 비록 '실제' 거리는 조금 더 길어지지만 이 불리함이 자막대의 더 작은 축소로 상쇄되고도 남기 때문에 더 적은 수의 막대가 필요하게 될 것이다. 만일 자막대 대신 광파들로 대신하면, 광선은 중력장의 방향으로 즉 중심에서 밖으로 굽을 것이라는 결론에 도달한다.

회전목마 문제를 끝내기 전에 한 가지 실험을 더 생각해보자. 똑같은 시계 두 개를 가져와 하나는 관 중심에 놓고 또 하나는 가에 놓았다 하자. 그러면 중심에 놓인 것은 정지해 있지만, 가의 것은 운동하고 있기 때문에 시간을 잃게 될 것이다. 원심력을 중력으로 해석한다면, 중력 퍼텐셜이 높은 곳에 있는(즉 중력이 작용하는 방향에 있는) 시계는 더 천천히 간다고 말할 수 있다. 이 시간의 지연은 모든 물리학적, 화학적, 생물학적 현상에 똑같이 적용할 수 있을 것이다. 엠파이어 스테이트 빌딩의 일층에서 일하는 타자수는 맨 꼭대기 층에서 일하는 쌍둥이 언니보다 더 천천히 나이를 먹게 될 것이다. 그 차는 대단히 적을 것이지만 어떻든 일층에 있는 아가씨는 10년간 1초의 100만 분의 몇 정도는 꼭대기 층에서 일하는 그의 쌍둥이 언니보다 젊다는 계산이 가능하다. 그러나 지구의 표면과 태양의 표면 간의 중력의 차는 크기 때문에 그 효과도 현저하다. 태양 표면에 놓인 시계는 지구의 것보다 100만 분의 1만큼 늦어질 것이다. 물론 누구도 태양 표면에 시계를 갖다 놓을 수는 없지만 우리가 기대하는 시간의 지연은 태양 대기 속의 원자들로부터 방출되는 스펙트럼선들의 진동수를 관찰함으로써 확인되었다.

또 쌍둥이 자매들이 중력 퍼텐셜이 다른 장소에서 일을 함으로써 서로 다른 비율로 나이를 먹는다는 문제는 쌍둥이 형제 중 한 사람은 집에 있고 또 한 사람은 상당한 여행을 함으로써 일어나는 문제와 밀접한 관계가 있다. 한 사람은 우주선 비행사이고 또 한 사람은 지상에 있는 우주선 정류장에서 일을 하는 쌍둥이 형제를 생각해보자. 쌍둥이 중 한 사람인 비행사는 광속에 가까운 속도로 먼 별에 임무 수행을 위해 떠나고 또 한 사람은 정거장에서 사무를 본다고 하자. 아인슈타인에 의하면 쌍둥이 형제는 서로 다른 사람보다 천천히 나이를 먹는다. 그리하여 비행사는 지구에 돌아가면 그는 사무원인 자기 형이 자기보다 덜 늙었으리라 기대하게 되고, 사무원은 그와 꼭 반대되는 생각을 하게 될 것이다. 그러나 이것은 말도 안 되는 얘기이다. 왜냐하면, 예를 들어 머리가 희어진 것으로 나이를 따진다면, 쌍둥이 형제가 거울 앞에 나란히 서면 곧 알 수 있는 것이기 때문이다.

이 모순되는 것과 같은 것의 해답은, 쌍둥이 형제의 상대적인 나이에 관한 진술이 오로지 일정한 속도의 운동을 고찰하는 이른바 특수상대론의 범위 내에서만 옳다는 것으로 해결된다. 이 경우 비행사인 쌍둥이는 결코 되돌아 올 수 없으며 그렇기 때문에 희어진 머리털을 비교해 보기 위하여 사무원인 쌍둥이 형과 나란히 거울 앞에 설수가 없다. 형제들이 할 수 있는 최선의 방법은 두 대의 텔레비전을 설치하는 것이다. 하나는 사무실에 비치하여 비행사와 그의 시계를 보여 주도록 하고, 또 한대는 우주선 내에 장치하여 사무원인 쌍둥이와 그의 사무실에 있는 시계를 보여 주게 하는 것이다(그림 26).

워싱턴대학 핀버그(Eugene Feenberg) 박사는 잘 알려진 무선신호의 전파 법칙들을 바탕으로 이론적인 연구를 하였는데, 그 결과는 텔레비전을 보며 두 형제는 똑같이 서로 다른 형제가 천천히 나이를 먹는다는 것을 관찰하게 될 것이라는 것이다. 그러나 만일 비행사가 되돌아오려면 첫째로 그의 우주선을 감속시키고, 그다음 완전히 정지시킨 다음 다시 집 쪽으로 가속시켜야 한다. 이러한 필요성이 두 쌍둥이를 전혀 다른 입장에 놓이게 한다. 앞에서 언급한 바와 같이 가속과 감속은 시계를 느리게 하는 등 모든 현상을 변화시키는 중력장에 대응된다. 그리고 마치 일층에서 일하는 아가씨가 맨 꼭대기층에서 일하는 그의 쌍둥이 언니보다 더 천천히 늙는 것과 같이 비행사가

〈그림 26〉 텔레비전 수상기에서 관찰되는 쌍둥이 형제의 상대적인 연령

지상에서 사무 보는 쌍둥이 형제보다 더 천천히 나이를 먹는다. 그리하여 충분히 오랫동안 여행을 하고 돌아오면 여행사인 쌍둥이는 그의 검은 머리가 넘실거리겠지만 사무원인 쌍둥이 형은 머리가 다 벗겨진 것을 보게 될 것이다. 여기에는 아무런 모순도 없다.

중력에 의한 시간의 지연을 확인하기 위한 또 한 가지 재미있는 실험 고안은 매릴랜드대학의 싱어(S. F. Singer) 교수가 제안한 것인데, 그는 지구 주위의 여러 높이에서 원형 궤도로 회전하는 인공위성에 원자시계를 올려놓아 보기를 제의하였다. 지구의 반경 거리보다는 좀 낮은 높이에서 회전하는 인공위성

속의 원자시계의 지연을 그는 계산하였다. 중요한 상대론적 효과는 그 속도로 인한 시계의 지연으로, 시간 지연의 인자는 $\sqrt{1-\frac{v^2}{c^2}}$ 으로 나타날 것이다. 그러나 더 높은 궤도에서는 속도 효과는 덜 중요하게 될 것으로 기대되는데, 이때에는 시간이 늦어지는 것이 아니라 중력이 더 약해지므로 시간은 더 빨라질 것이다. 흥미 있는 이 실험이 아인슈타인의 이론을 확인하리라는 것은 거의 의심할 여지가 없다.

이 논의로부터 결론지을 수 있는 것은 중력장을 통과하는 광선은 직선이 아니라 장의 방향으로 굽은 곡선이며, 자막대의 축소로 두 점 간의 최단거리도 직선이 아니라 중력장 방향으로 굽은 곡선이라는 것이다. 그러나 '직선'을 진공 속의 광로나 두 점 간의 최단거리가 아닌 어떤 다른 방법으로 정의를 내릴 수 있는가? 아인슈타인의 생각은 중력장의 경우에 있어서도 옛날의 〈직선〉의 정의를 그대로 두고, 광선이나 최단거리가 굽었다고 말하는 대신 공간 그 자체가 굽었다고 말하자는 것이다. 굽은 3차원 공간의 개념을 알아듣는 것은 어려운 일이다. 더구나 시간을 네 번째 좌표로 하는 굽은 4차원 공간의 개념은 더욱 어려운 문제이다. 가장 좋은 방법은 우리가 시각화할 수 있는 2차원 곡면으로 유추하는 일이다. 우리는 누구나 평면 유클리드 기하학에 친숙하다. 곧 평면에 여러 그림을 그릴 수 있다. 그러나 평면 대신 구표면과 같은 곡면에 그림을 그리면 이제는 유클리드 기하학의 정리가 성립하지 않는다. 이것은 〈그림 27〉에 그려져 있다. (a)에는 평면에 삼각형을 그린 것이고, (b) 구표면에, 그리고 (c)에는 말안장형 표면에 삼각형을 그린 것이다.

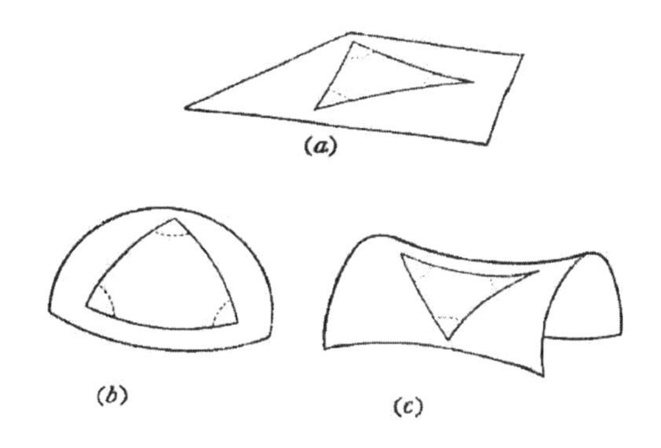

〈그림 27〉 (a) 평면, (b) 구면, (c) 말안장면에서의 삼각형

평면(Plane Surface)에 있어서는 삼각형의 세 각의 합은 항상 180와 같다. 구표면(Spherical Surface)에 있어서 삼각형의 세 각의 합은 항상 180보다 큰데, 그 정도는 구의 크기와 삼격형의 크기의 비에 달려 있다. 명백히 구면이나 말안장형 표면(Saddle Surface)에 그린 삼각형의 선들은 3차원적 견해로 보면 〈직선〉이 아니다. 그러나 그 선들은 〈가장 똑바른(Straightest)〉 즉 문제가 표면에 한정될 때에는 최단거리임에 틀림없다. 용어의 혼란을 피하기 위하여 수학자들은 이 선을 측정선(Geodesic Lines 또는 Geodesics)이라 부른다.

똑같이 3차원 공간에 있어서도 광선이 전파되는 두 점 간의 측지선 또는 최단거리에 대하여 말할 수 있다. 그리고 공간에 있어서 삼각형의 세 각을 측정하여 그 합이 180이면 보통 공간이라 부르고, 180보다 크면 구면 공간 또는 양곡 공간이라 하며, 180보다 작으면 말안장 공간 또는 음곡 공간이라고 부를

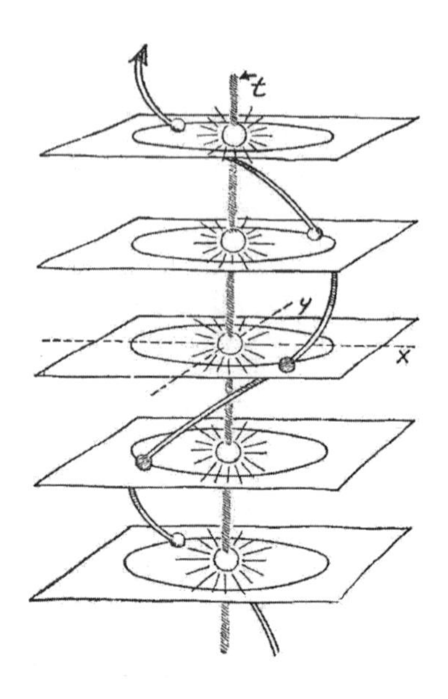

〈그림 28〉 시공간에서 운동하는 지구의 세계선이 수직으로 시간축 t와 두 공간축 x와 y인 좌표계에 표시되어 있다

수 있다. 지구, 금성, 화성에 있는 가상의 세 천문학자가 이 세 행성 간을 전파하는 광선에 의하여 형성된 삼각형의 각을 측정한다고 가정해보자. 앞서 논한 바와 같이 태양의 중력장을 통과하는 광선은 중력 방향으로 휘어지기 때문에 〈그림 25〉의 (b)와 같을 것으로 삼각형의 세 각의 합은 180보다 큼을 알게 될 것이다. 이런 경우 광선은 최단거리나 측지선을 따라 전파되지만 태양 주위의 공간은 양곡되었다고 또는 밖으로 휘었다고 말하는 것이 타당할 것이다. 이와 똑같이 회전에 있어서 원심력장에 대응하는 중력장에서는 삼각형의 세 각의 합은 180보다 작아, 그 공간은 음곡되었다고 또는 안으로 휘었다고 해야만 하겠다.

지금까지의 논의가 중력에 대한 아인슈타인의 기하학적 이해의 기반이 되는 이야기들이다. 그의 이론은 오래된 뉴턴의 관점을 넘은 견해를 제시하였다. 뉴턴에 의하면 태양과 같은 큰 질량은 그 주위 공간에 역장이 생기게 되어 행성들로 하여금 직선이 아니라 곡선 궤도를 따라 돌게 한다는 것이다. 그러나 아인슈타인의 모형은 공간 그 자체가 굽은 것이고 행성들은 그 굽은 공간 속에서 직선, 즉 측지선을 따라 운동한다는 것이다. 오해가 없도록 하기 위하여 한 가지 첨가해 둘 것은 우리가 지금 여기서 말하는 측지선은 4차원 시공간에 대한 것이지 3차원 공간에서의 측지선을 말하는 것이 아니므로 그렇게 말하는 것은 틀리다. 〈그림 28〉에서 제시한 것은 시간 t와 궤도면에 놓은 두 공간 x, y를 나타내는 것이다. 운동하는 물체(이 경우는 지구)의 세계선(World-Line)이라고 하는 이 곡선이 시공간상의 측지선인 것이다.*

아인슈타인이 중력을 시공간의 굽음으로 해석한 것이 고전적인 뉴턴 이론의 예언과 조금 다른 결과를 내는데 이것은 실제 관측의 결과와 잘 일치한다. 예를 들면 아인슈타인 이론은 수성 궤도의 장축이 1세기 동안에 각도로 43초만큼 세차운동을 하는 것을 설명함으로써 지금까지의 고전천체역학의 신비를 풀었다.

---

* 여기서 주의해야 할 것은 〈그림 28〉에 있어서 수직 및 수평축의 척도가 필요에 의하여 서로 다른 단위로 주어진 것이다. 실제로 지구 궤도의 반경은(만일 광선이 전파되는 시간으로 한다면) 8분밖에 걸리지 않으며, 어느 해 1월로부터 다음 해 1월까지의 기간거리는 1년으로 6만 배나 더 긴 시간이다. 그렇기 때문에 적합한 척도로는 측지선이 직선에서 벗어나지만 그 정도는 대단히 미미할 것이다.

10장
중력의 미해결 문제

전기와 자기에 대한 중요한 지식에 많은 공헌을 쌓은 패러데이(Michael Faraday, 1791~1867)가 1849년에 쓴 실험실 일기의 서두는 다음과 같이 흥미롭게 시작된다.

"실로 중력의 힘은 틀림없이 전기력과 자기력 및 다른 힘들과 어떤 관계가 있음을 실험할 수 있으며, 그것은 상호 가역 작용과 대등 효과의 그 어떤 관계를 세울 수 있을 것이다. 이것을 어떻게 실험과 사실에 입각하여 검토할 수 있겠는가 생각해 보자."

그러나 이 유명한 영국의 물리학자는 그 관계를 발견하려고 여러 실험을 시도하였으나 모두 결실을 맺지 못하였다. 그는 다음과 같은 말로 그의 일기를 끝맺고 있다.

"일단 여기서 나의 실험을 끝맺는다. 결과는 부정적이다. 비록 지금까지의 결과는 그러한 관계가 존재한다는 것을 증명하지 못하나 중력과 전기 간의 관계가 존재한다는 나의 강한 신념은 조금도 변함이 없다."

뉴턴에서 비롯되고 아인슈타인으로 매듭진 중력론이 다른 물리학 부문의 급속한 발전에 비해 〈그림 29〉에 있는 타지마할(Taj Mahal)*과 같이 거의 변함없이 과학의 독불장군으로서 있어야 함은 매우 이상스러운 일이다. 중력장에 대한 아인슈타인의 개념은 그의 특수상대론에서 유래되었고, 그 특수상대론은

---

* Taj Mahal은 중부인도의 Agra에 있는 순백색 대리석 영묘로서 그 절묘한 건축미로 유명하다.

〈그림 29〉 중력의 사원(사원 벽에 쓰여 있는 글은 중력에 관한 아인슈타인 상대론의 기초 방정식이다)

지난 세기의 영국의 물리학자 맥스웰(James Clerk Maxwell, 1831~1879)에 의하여 정식화된 전기장 이론에 근원을 두었다. 그러나 아인슈타인과 그를 따르던 사람들이 그렇게도 많은 시도를 하였음에도 불구하고 맥스웰의 전기역학과 상대성이론과의 관계를 수립하는 데는 실패하였다.

아인슈타인의 중력론은 양자론(Quantum Theory)과 거의 동시에 시작되었으나 지난 반세기 동안 그 두 이론은 상당히 다른 발전 속도를 가졌다. 막스 플랑크(Max Planck)에 의하여 제안되고 닐 보어(Niels Bohr), 루이 드 브로이(Louis de Broglie), 에르빈 슈뢰딩거(Erwin Schrodinger), 베르너 하이젠베르크

(Werner Heisenberg) 등의 연구로 계승, 발전된 양자론은 거대한 발전을 거듭하여 원자와 그 책의 내부 구조를 상세히 설명하는 광범한 학문 영역의 한 몫을 차지하게 되었다. 한편 아인슈타인의 중력장은 오늘날까지 본질적으로 반세기 전에 그가 이루어 놓은 정도에 머무르고 있다.

양자론의 여러 분야를 수천 명의 과학자들이 연구하고 있고 많은 실험적 연구 분야에 양자론을 적용하고 있는 반면, 오로지 몇 명만이 중력에 대한 연구에 야망을 품고 시간과 정력을 계속 바치고 있다. 정말 허공간이 물질계보다 단순하다고 할 수 있겠는가? 천재인 아인슈타인이 우리 시대에 중력에 대하여 연구할 것을 모두 해버렸기 때문에 이제 일세기 동안은 아무런 그 이상의 발전을 기대할 수 없게 만들었는가?

아인슈타인은 중력을 시공간의 기하학적 성질로 환원시킨 후 전자장도 마땅히 순수하게 기하학적으로 해석할 수 있는 성질을 가졌다는 신념에 사로잡혔다. 통일장 이론(Unified Field Theory) 역시 그러한 확신으로 시작된 것이지만 어려움에 부딪쳐 아인슈타인은 그의 먼저 일과 같이 단순하고 우아하며 확실성 있는 장론을 크게 발전시키지 못하고 세상을 떠났다. 지금에 와서 생각되는 것은 중력과 전자력 간의 참다운 관계는 근래에 많이 들을 수 있는 소립자들의 이해를 통해서만, 즉 왜 특정한 질량과 전하를 갖는 특수 입자들이 자연에 존재하는가 하는 것을 앎으로써만 상호 관계를 찾을 수 있을 것 같다.

여기에 근본적인 문제는 입자들 간의 중력적 및 전자기적인 상호 작용의 상대적 강도와 결부되어 있다. 앞서 유도한 바와 같이 만유인력의 법칙은 인력이 거리의 제곱에 반비례 하는 관계이다. 프랑스의 과학자 쿨롱(Charles A. Coulomb, 1736~1806)은 전하 간에 작용하는 힘에 대하여 거리의 제곱에 반비례한다는 비슷한 법칙을 1784년에 발표하였다.

질량이 양성자와 전자의 중간쯤 되는 4×10^{-26}g의 두 입자가 거리 r만큼 떨어져 있을 때 작용하는 전기력과 중력을 고찰하자. 쿨롱의 법칙에 의하면 정전기력은 e^2/r^2인데, 여기서 e(4.77×10^{-10}esu)*는 기본 전하이다. 한편 뉴턴의 법칙에 의하면 중력에 의한 상호 작용은 GM^2/r^2인데, 여기서 G(6.67×10^{-8})는 중력 상수이고 M(4×10^{-26}g)은 질량이다. 두 힘의 비는 e^2/GM^2인데 이 값이 10^{40}이 된다. 전자기와 중력 간의 관계를 서술하려는 이론은, 왜 어떤 두 입자 간의 이러한 전기적 상호 작용이 중력의 상호 작용보다 10^{40}배나 큰가를 설명해야만 한다. 염두에 두어야 할 것은 이 비가 단위 없는 순수한 수라는 점과 여러 물리량을 측정함에 어떠한 단위계를 사용하여도 변하지 않는다는 점이다. 이론적인 식에 있어서 우리는 때때로 순수한 수학적 방법으로 유도될 수 있는 일정한 상수가 도입됨을 알고 있다. 그러나 이 상수들의 값이 보통은 2π, $\frac{3}{5}$, $\frac{\pi^2}{3}$ 등과 같이 작은 수이다. 10^{40}과 같이 큰 상수를 수학적으로 어떻게 유도할 수 있는가?

1940년대에 이 방향으로의 대단히 흥미로운 해석이 위대한 영국의 물리학자 디랙(P. A. M. Dirac)에 의하여 내려졌다. 그의 제안은 10^{40}이란 숫자는 하나의 고정 상수가 아니라 우리

* 전하의 1정전 단위는 같은 양의 전하가 1㎝ 떨어져서 1dyne의 힘으로 반발할 때의 전하로 정의된다.

우주의 연령과 관계있는 것으로 시간에 따라 변하는 변수라는 것이다. 우주의 팽창론에 의하면 우리 우주는 약 5×10^9년 또는 10^{17}초 전에 탄생했다는 것이다. 물론 일 년이라든가 일 초라는 것은 시간 측정에 있어서 전혀 임의적인 단위이다. 그렇기 때문에 물질과 광선의 기본적인 성질로부터 유도될 수 있는 시간의 기본 단위를 선택해야만 할 것이다. 그렇게 하는 한 가지의 합리적인 방법은 광선이 소립자의 지름과 같은 거리를 통과하는데 걸리는 시간을, 시간의 기본 단위로 택하는 것이다. 모든 소립자의 지름이 약 3×10^{-13}㎝이고, 광속은 3×10^{10}㎝/초이므로 이 기본적인 시간 단위는

$$\frac{3 \times 10^{-13}}{3 \times 10^{10}} = 10^{-23}(\text{초})$$

우주의 연령(10^{17}초)을 이 시간 단위로 나누면 $10^{17}/10^{-23}=10^{40}$으로 정전기력과 중력의 비를 실험적으로 구한 수와 그 지수가 같다. 그래서 디랙은 전기력과 중력의 비가 큰 것은 우주의 현 연령에 대한 특정값이라고 말했다. 우주의 연령이 현재의 반이었을 때는 이 비의 값 또한 반이었을 것이라는 주장이다. 기본 전하(e)가 시간에 따라 변하지 않는다는 가정에 충분한 이유가 있기 때문에 디랙은 시간에 따라 감소하는 것이 중력 상수(G)이고 이 감소가 우주의 팽창과 그 우주 속의 물질이 계속 희박해지는 것과 관계가 있다고 결론지었다.

디랙의 이런 견해는 후에 〈수소폭탄의 아버지〉 에드워드 텔러(Edward Teller)에 의하여 비판되었는데, 그는 중력 상수 G의 변화는 지구 표면의 온도 변화를 초래할 것이라고 지적했다. 실제로 중력의 감소는 행성 궤도의 반경들을 증가시키는

결과가 되는데(역학 법칙에 기반을 두고 설명할 수 있는 바와 같이), 그 변화는 G에 반비례하여 변하게 될 것이다. 그 감소는 또한 태양의 내적 평형을 깨뜨려 중심 온도의 변화를 일으키게 되고 에너지를 방출하는 열핵융합 반응의 비율의 변화를 초래하리라는 것이다.

별들의 내부 구조와 에너지 산출에 관한 이론으로부터 태양의 조도 L은 $G^{7.25}$에 따라 변화하리라는 것을 밝힐 수가 있다.* 지구 표면의 온도는 지구 궤도 반경의 제곱으로 나눈 태양의 광도의 4제곱근에 따라 변하므로, 만일 G가 시간에 반비례하여 변하면 지표의 온도는 $G^{2.4}$ 또는 $(시간)^{2.4}$에 반비례하게 될 것이다. 태양계의 연령을 3억 년이라고 하면(이 값은 그 당시에 인정된 것이었는데) 이것을 사용하여 텔러가 계산해 보니 캄브리아기 동안에는(5억 년 전) 지구의 온도가 물의 끓는 절보다 50℃ 높았을 것이므로, 지구의 모든 물을 뜨거운 수증기였을 것이다. 지질학적 년대에 의하면 꽤 진화한 해양생물이 그 기간에 존재했으므로, 텔러는 결론짓기를 중력 상수의 변화성에 대한 디랙의 가설은 옳을 수가 없다는 것이다. 지난 10여 년 동안의 연구로 태양계의 연령에 대한 어림잡음은 상당히 큰 값으로 생각하게 되었는데 정확한 수는 아마도 50억 년이나 그 이상일 것이라는 것이다. 이것은 초기의 태양 온도가 물의 끓는점보다는 얕고, 삼엽충과 실루리아기의 연체동물들이 상당히 더운 물에서도 살 수 있었다고 하면 텔러의 반론은 확실하다고 볼 수 없다. 이것은 또한 생물 진화의 초기 단계에 있어 열적인 돌연변이의 율을 높이고 보다 더 이전의 시기 동안에는 단

---

* 광원의 조도는 단위 시간에 방출하는 빛의 양으로 정의된다.

백질과 더불어 모든 생명체의 기본적인 화학적 구성물을 형성하는 핵산의 합성을 위하여 필요한 고온을 유지시킴으로써 고생물학의 이론을 두둔하게 된다. 그리하여 중력 상수의 변화성에 대한 문제는 여전히 논의의 대상으로 남아있다.

중력과 양자론

이미 논의한 것과 같이 질량들 간의 중력적 상호 작용에 관한 뉴턴의 법칙은 전하들 간의 정전기적 상호 작용의 법칙과 아주 비슷하고 중력장에 대한 아인슈타인의 이론은 전자장에 대한 맥스웰에 이론과 많은 공통점이 있다. 그리하여 자연스럽게 기대되는 것은 진동하는 전하가 전자파를 발생시키는 것과 같이 진동하는 질량은 중력파를 발생시키지 않는가 하는 것이다. 1918년에 발표된 그의 논문에서 아인슈타인은 광속으로 공간 속을 전파하는 중력 교란의 일반 상대론적 기본 방정식의 해를 얻었다. 만일 그것이 존재하면 중력파는 마땅히 에너지를 운반할 것임에 틀림없다. 그러나 그 강도, 또는 운반하는 에너지의 양은 매우 적을 것이다. 예를 들면 지구는 태양 주위의 궤도운동에 있어서 약 0.001와트를 방출해야 하는데, 이것은 10억 년 동안에 지구가 태양 쪽으로 100만 분의 1㎝ 정도 떨어지는 결과에 해당하는 것이 된다. 누구도 아직은 그렇게 미약한 파를 검출할 방법을 생각해 내지 못하였다.

중력파들도 전자파와 같이 불연속적인 에너지덩이 또는 양자로 나뉘어 있는가? 이 문제는 양자론만큼이나 오래된 것인데 드디어 디랙에 의하여 해결됐다. 그는 중력장 방정식을 양자화하는 데 성공하여 중력양자 또는 '중력자(Graviton)'의 에너지가 플랑크 상수 h에 진동수를 곱한, 즉 광양자 또는 광자의 에너지 표시와 같은 식을 밝혔다. 그러나 중력자의 스핀(Spin)은 광자의 두 배이다.

중력파는 너무나 약하기 때문에 천체역학에는 별로 중요하지 않다. 그러나 중력자가 소립자의 물리학에서 그 어떤 중요한 역할을 하지 않을까? 이러한 물질의 궁극체들이 적절한 〈장양자(Field Quanta)〉의 방출과 흡수로 여러 가지 상호 작용을 한다. 그리하여 전자기적 상호 작용(예를 들면 서로 반대로 대전될 물체들의 인력)은 광자의 방출과 흡수를 수반하는데 중력적 상호 작용은 아마도 그와 같이 중력자에 의할 것이라 짐작된다. 지나간 수년 동안에 물질의 상호 작용들은 현저히 구분되는 몇 가지 범주로 나눌 수 있음이 명백해졌다.

(1) 전자기력을 포함한 강한 상호 작용

(2) 전자와 중성미자와 하나씩 방출되는 방사능의 '베타 붕괴'와 같은 약한 상호 작용

(3) 앞서 '약하다'는 것보다도 훨씬 더 약한 중력의 상호 작용들을 들 수 있다.

상호 작용의 강도는 그 양자의 방출이나 흡수의 비 또는 확률과 관계가 있다. 예를 들면 핵이 한 광자를 방출하는 데 10^{-12}초(백만 분의 1초의 백만 분의 1) 걸린다. 그것과 비교하여 중성자의 베타 붕괴는 12분이 걸리는데, 이것은 약 10^{14}배나 더 긴 시간이다. 핵으로부터의 한 중력자의 방출을 위하여 필요한 시간은 10^{60}초 또는 10^{53}년이라는 것을 계산할 수 있다. 이것은 약한 상호 작용보다 10^{58}배나 더 느린 시간이다.

중성미자는 매우 낮은 흡수 확률을 가진 입자로 물질의 다른

형태의 상호 작용을 한다. 중성자는 전파도 없고 질량도 없다. 이미 1933년경에 벌써 닐스 보어(Niels Bohr)는 '중성미자와 중력파의 양자와 다른 것이 무엇인가?'라는 질문을 던졌다. 소위 말하는 약한 상호 작용에 있어서 중성미자는 다른 입자들과 더불어 방출된다. 그런데 중성미자만 관련된 과정은 어떠한가? 말하자면 궐기(蹶起)된 핵에 의하여 중성미자 일반 중성미자의 이 한 쌍의 방출을 어떠한가? 누구도 그러한 사건을 검출하지는 못하였으나 언제인가는 실현될 것으로, 아마도 중력의 상호 작용과 같은 시간 간격일 것이다. 한 쌍의 중성미자는 중력자에 대하여 디랙이 계산해 얻은 값의 두 배인 스핀을 가질 것이다. 물론 이것은 모두 신빙성 있는 통찰로 중성미자와 중력 간의 연결은 이론적으로 가능한 흥미진진한 문제인 것이다.

반중력(Antigravity)

웰즈(H. G. Wells)는 그의 풍부한 상상력을 담아 이야기하곤 했는데, 가공인물인 영국의 발명가 카버 씨(Mr. Cavor)를 등장시켜 서술한 것이 있다. 카버 씨는 '카버라이트(Cavorite)'라 불리는 물질을 발견하였다. 그는 중력의 힘이 이 물질을 투과하지 못한다고 말하였다. 마치 구리판이나 쇠판이 전기와 자기력을 차단하기 위하여 쓰일 수 있는 것과 같이 카버라이트 판은 지구 중력의 힘을 차단하는 것으로, 그 판 위에 놓인 물체는 무게가 완전히 없어지거나 아니면 적어도 대부분의 무게를 잃게 된다는 것이다. 카버 씨는 사방에 카버라이트로 만든 문으로 둘러싸인 크고 둥근 곤돌라*를 제작하였다. 그는 달이 하늘

---

* 역자 주 : 곤돌라(Gondola)는 이탈리아의 베네치아 지방 강물 위의 유람

높이 떠 있는 어느 날 밤에 곤돌라를 타고 지상을 향한 문은 모두 잠그고, 달을 향한 문은 열어 놓았다. 잠긴 문은 지구의 중력을 차단시켰고, 열린 곳을 통하여 달의 중력만이 작용하게 되어 곤돌라는 공간을 날아 달에 감으로써 카버 씨로 하여금 지구의 위성인 달 표면을 탐험하게 하였다는 이야기이다. 왜 그러한 발명이 지금까지 이루어지지 않았는가? 또는 그것은 불가능한 것인가? 뉴턴의 만유인력 법칙과 쿨롱의 전하 간의 상호 작용 법칙 그리고 길버트의 자극 간의 상호 작용 법칙들은 아주 비슷하다. 그런데 전기와 자기력은 차단할 수 있으면서 왜 중력에 대해서는 가능하지 못할까?

이 질문에 대해서는 물질의 원자 구조와 밀접한 관계가 있는 전기와 자기 차폐의 메커니즘을 잘 고찰해야 한다. 각 원자나 분자는 양전하와 유전하로 형성된 한 계이다. 금속에는 양전자 이온들의 결정격자들 사이를 운동하는 많은 자유전자가 있다. 한 물체가 전기장에 놓이게 되면 전하들은 반대 방향으로 이동하여 자리를 잡게 되는데, 이것을 우리는 전기적으로 분극되었다고 말한다. 이 분극 작용으로 인한 새로운 전기장은 본래의 전기장과 반대 방향이므로, 그 두 전기장의 중첩은 강도를 약화시킨다. 자기 차단에서도 똑같이 작은 자석이나 마찬가지인 원자들로 구성된 물체가 외부 자기장 속에 놓이게 되면 반대 방향으로 움직인다. 이러한 원자들의 자기 분극으로 인하여 자기장의 세기가 감소된다. 중력을 차단할 가능성은 물질의 중력 분극의 존재인데 이것은 물질이 두 종류의 입자로 구성될 것이 요청된다. 하나는 '양중력 질량(Positive Gracitaional Mass)'을

선이다. 광주리 모양의 비행선 운전실도 곤돌라로 불린다.

가진 것으로 지구에 의하여 끌리는 것이고, 또 하나는 '유중력 질량(Negative Gravitational Mass)'을 지닌 것으로 반발하는 것이라야 한다. 음-양전자들은 두 종류의 자극들과 더불어 모두 똑같이 자연에 얼마든지 있다. 그러나 음중력 질량을 가진 입자는 보통 원자들과 분자들의 구조 내에서는 아직까지는 알려지지 않았다. 그러나 물리학자들이 지나간 수십 년 동안 논의해 오고 있는 반(反, 또는 半)입자(Antiparticle)들에 대해서는 어떨까?

양전자(Positive Electron), 음양성자(Negative Proton), 반중성자(Antineutron) 등의 반입자를 갖는 것들과 같이 음중력 질량을 갖는 것을 가능하지 못할까? 언뜻 보기에 이 질문은 실험적으로 답할 수 있는 쉬운 문제인 것 같다. 실험적으로 해야 할 일이라는 것이 수평 방향의 양전자나 음양성자들이 가속기로부터 방출되어 지구 중력장에서 아래로 휘는가 위로 굽는가를 관찰하면 될 것 같다. 인위적으로 핵 충돌에 의하여 발생되는 입자들은 모두 광속에 가까운 속도로 운동하기 때문에 지구 중력에 의하여 수평 방향으로 운동하는 입자살(Beam)의 (위로 또는 아래로의) 휨은 대단히 작아서 궤적의 거리의 1㎞당 기껏 10^{-12} ㎝(핵의 반경 거리!) 밖에 안 된다. 물론 이 입자들을 보통 중성자*를 가지고 하는 것과 같이 감속시켜 해 볼 수 있다. 중성자 실험에 있어서 빠른중성자들을 감속제에 통과시킨다. 감속된 중성자들은 빗방울 떨어지는 정도의 속도로 쏟아져 나오는 것이 관찰되지만 탄소나 중수소와 같이 좋은 감속제들은 그들의

* Donald J. Hughes가 저술한 『중성자 이야기(The Neutron Story)』를 참고로 할 것

핵들이 중성자와 낮은 친화력을 가진 물질들이라 계속적인 여러 번의 충돌 과정에서도 중성자들을 흡수해버리지를 않는다. 또한 보통 물질인 감속제는 어느 것이나 반중성자를 잡아서 보통 원자핵 속에 있는 보통 중성자와 더불어 곧 소멸해 버린다. 그렇기 때문에 실험적 견지에서 볼 때 반입자들의 중력 질량의 양-음 기호의 문제는 여전히 어려운 문제로 남는다.

이론적 견해로 보아도 역시 그 문제는 풀리지 않은 채 남게 되는데, 그 이유는 우리가 중력과 전자기적 상호 작용 간의 관계를 예언할 수 있는 이론을 가지고 있지 않기 때문이다. 그러나 한마디 할 수 있는 것은, 만일 앞으로 실험을 하여 반입자들이 음중력 질량을 가졌다는 것을 보이면 등가원리를 반증함으로써 아인슈타인의 중력론을 완전히 뒤엎을 것이다. 실제로, 만일 가속된 아인슈타인의 실험실 속의 관측자가 음중력 질량을 가진 사과를 놓으면, 그 사과는 (우주선 실험실에 대하여) '위로 떨어질' 것이고, 밖에서의 관찰은 그 사과가 외부로부터 아무런 힘도 안 받았는데도 우주선의 가속도의 두 배로 운동하는 것으로 관찰될 것이다. 그렇게 되면 우리는 부득이 뉴턴의 관성 법칙과 아인슈타인의 등가원리 중 하나를 선택하지 않으면 안 될 것인데, 이것은 참으로 대단히 어려운 선택이 될 것이다.

가모프의 중력 이야기
고전적 및 현대적 관점

인쇄 2020년 11월 17일
발행 2020년 11월 24일

지은이 G. 가모프
옮긴이 박승재
펴낸이 손영일
펴낸곳 전파과학사
주소 서울시 서대문구 증가로 18, 204호
등록 1956. 7. 23. 등록 제10-89호
전화 (02) 333-8877(8855)
FAX (02) 334-8092
홈페이지 www.s-wave.co.kr
E-mail chonpa2@hanmail.net
공식블로그 http://blog.naver.com/siencia

ISBN 978-89-7044-948-7 (03420)

도서목록

현대과학신서

A1 일반상대론의 물리적 기초
A2 아인슈타인 I
A3 아인슈타인 II
A4 미지의 세계로의 여행
A5 천재의 정신병리
A6 자석 이야기
A7 러더퍼드와 원자의 본질
A9 중력
A10 중국과학의 사상
A11 재미있는 물리실험
A12 물리학이란 무엇인가
A13 불교와 자연과학
A14 대륙은 움직인다
A15 대륙은 살아있다
A16 창조 공학
A17 분자생물학 입문 I
A18 물
A19 재미있는 물리학 I
A20 재미있는 물리학 II
A21 우리가 처음은 아니다
A22 바이러스의 세계
A23 탐구학습 과학실험
A24 과학사의 뒷얘기 1
A25 과학사의 뒷얘기 2
A26 과학사의 뒷얘기 3
A27 과학사의 뒷얘기 4
A28 공간의 역사
A29 물리학을 뒤흔든 30년
A30 별의 물리
A31 신소재 혁명
A32 현대과학의 기독교적 이해
A33 서양과학사
A34 생명의 뿌리
A35 물리학사
A36 자기개발법
A37 양자전자공학
A38 과학 재능의 교육
A39 마찰 이야기
A40 지질학, 지구사 그리고 인류
A41 레이저 이야기
A42 생명의 기원
A43 공기의 탐구
A44 바이오 센서
A45 동물의 사회행동
A46 아이작 뉴턴
A47 생물학사
A48 레이저와 홀러그러피
A49 처음 3분간
A50 종교와 과학
A51 물리철학
A52 화학과 범죄
A53 수학의 약점
A54 생명이란 무엇인가
A55 양자역학의 세계상
A56 일본인과 근대과학
A57 호르몬
A58 생활 속의 화학
A59 셈과 사람과 컴퓨터
A60 우리가 먹는 화학물질
A61 물리법칙의 특성
A62 진화
A63 아시모프의 천문학 입문
A64 잃어버린 장
A65 별· 은하 우주

도서목록

BLUE BACKS

1. 광합성의 세계
2. 원자핵의 세계
3. 맥스웰의 도깨비
4. 원소란 무엇인가
5. 4차원의 세계
6. 우주란 무엇인가
7. 지구란 무엇인가
8. 새로운 생물학(품절)
9. 마이컴의 제작법(절판)
10. 과학사의 새로운 관점
11. 생명의 물리학(품절)
12. 인류가 나타난 날 I (품절)
13. 인류가 나타난 날 II (품절)
14. 잠이란 무엇인가
15. 양자역학의 세계
16. 생명합성에의 길(품절)
17. 상대론적 우주론
18. 신체의 소사전
19. 생명의 탄생(품절)
20. 인간 영양학(절판)
21. 식물의 병(절판)
22. 물성물리학의 세계
23. 물리학의 재발견〈상〉
24. 생명을 만드는 물질
25. 물이란 무엇인가(품절)
26. 촉매란 무엇인가(품절)
27. 기계의 재발견
28. 공간학에의 초대(품절)
29. 행성과 생명(품절)
30. 구급의학 입문(절판)
31. 물리학의 재발견〈하〉
32. 열 번째 행성
33. 수의 장난감상자
34. 전파기술에의 초대
35. 유전독물
36. 인터페론이란 무엇인가
37. 쿼크
38. 전파기술입문
39. 유전자에 관한 50가지 기초지식
40. 4차원 문답
41. 과학적 트레이닝(절판)
42. 소립자론의 세계
43. 쉬운 역학 교실(품절)
44. 전자기파란 무엇인가
45. 초광속입자 타키온
46. 파인 세라믹스
47. 아인슈타인의 생애
48. 식물의 섹스
49. 바이오 테크놀러지
50. 새로운 화학
51. 나는 전자이다
52. 분자생물학 입문
53. 유전자가 말하는 생명의 모습
54. 분체의 과학(품절)
55. 섹스 사이언스
56. 교실에서 못 배우는 식물이야기(품절)
57. 화학이 좋아지는 책
58. 유기화학이 좋아지는 책
59. 노화는 왜 일어나는가
60. 리더십의 과학(절판)
61. DNA학 입문
62. 아몰퍼스
63. 안테나의 과학
64. 방정식의 이해와 해법
65. 단백질이란 무엇인가
66. 자석의 ABC
67. 물리학의 ABC
68. 천체관측 가이드(품절)
69. 노벨상으로 말하는 20세기 물리학
70. 지능이란 무엇인가
71. 과학자와 기독교(품절)
72. 알기 쉬운 양자론
73. 전자기학의 ABC
74. 세포의 사회(품절)
75. 산수 100가지 난문·기문
76. 반물질의 세계
77. 생체막이란 무엇인가(품절)
78. 빛으로 말하는 현대물리학
79. 소사전·미생물의 수첩(품절)
80. 새로운 유기화학(품절)
81. 중성자 물리의 세계
82. 초고진공이 여는 세계
83. 프랑스 혁명과 수학자들
84. 초전도란 무엇인가
85. 괴담의 과학(품절)
86. 전파는 위험하지 않은가
87. 과학자는 왜 선취권을 노리는가?
88. 플라스마의 세계
89. 머리가 좋아지는 영양학
90. 수학 질문 상자

91. 컴퓨터 그래픽의 세계
92. 퍼스컴 통계학 입문
93. OS/2로의 초대
94. 분리의 과학
95. 바다 야채
96. 잃어버린 세계·과학의 여행
97. 식물 바이오 테크놀러지
98. 새로운 양자생물학(품절)
99. 꿈의 신소재·기능성 고분자
100. 바이오 테크놀러지 용어사전
101. Quick C 첫걸음
102. 지식공학 입문
103. 퍼스컴으로 즐기는 수학
104. PC통신 입문
105. RNA 이야기
106. 인공지능의 ABC
107. 진화론이 변하고 있다
108. 지구의 수호신·성층권 오존
109. MS-Window란 무엇인가
110. 오답으로부터 배운다
111. PC C언어 입문
112. 시간의 불가사의
113. 뇌사란 무엇인가?
114. 세라믹 센서
115. PC LAN은 무엇인가?
116. 생물물리의 최전선
117. 사람은 방사선에 왜 약한가?
118. 신기한 화학 매직
119. 모터를 알기 쉽게 배운다
120. 상대론의 ABC
121. 수학기피증의 진찰실
122. 방사능을 생각한다
123. 조리요령의 과학
124. 앞을 내다보는 통계학
125. 원주율 π의 불가사의
126. 마취의 과학
127. 양자우주를 엿보다
128. 카오스와 프랙털
129. 뇌 100가지 새로운 지식
130. 만화수학 소사전
131. 화학사 상식을 다시보다
132. 17억 년 전의 원자로
133. 다리의 모든 것
134. 식물의 생명상
135. 수학 아직 이러한 것을 모른다
136. 우리 주변의 화학물질
137. 교실에서 가르쳐주지 않는 지구이야기
138. 죽음을 초월하는 마음의 과학
139. 화학 재치문답
140. 공룡은 어떤 생물이었나
141. 시세를 연구한다
142. 스트레스와 면역
143. 나는 효소이다
144. 이기적인 유전자란 무엇인가
145. 인재는 불량사원에서 찾아라
146. 기능성 식품의 경이
147. 바이오 식품의 경이
148. 몸 속의 원소 여행
149. 궁극의 가속기 SSC와 21세기 물리학
150. 지구환경의 참과 거짓
151. 중성미자 천문학
152. 제2의 지구란 있는가
153. 아이는 이처럼 지쳐 있다
154. 중국의학에서 본 병 아닌 병
155. 화학이 만든 놀라운 기능재료
156. 수학 퍼즐 랜드
157. PC로 도전하는 원주율
158. 대인 관계의 심리학
159. PC로 즐기는 물리 시뮬레이션
160. 대인관계의 심리학
161. 화학반응은 왜 일어나는가
162. 한방의 과학
163. 초능력과 기의 수수께끼에 도전한다
164. 과학·재미있는 질문 상자
165. 컴퓨터 바이러스
166. 산수 100가지 난문·기문 3
167. 속산 100의 테크닉
168. 에너지로 말하는 현대 물리학
169. 전철 안에서도 할 수 있는 정보처리
170. 슈퍼파워 효소의 경이
171. 화학 오답집
172. 태양전지를 익숙하게 다룬다
173. 무리수의 불가사의
174. 과일의 박물학
175. 응용초전도
176. 무한의 불가사의
177. 전기란 무엇인가
178. 0의 불가사의
179. 솔리톤이란 무엇인가?
180. 여자의 뇌·남자의 뇌
181. 심장병을 예방하자